Getting in TTouch with your Dog

TTouch®
神奇的毛小孩
身心療癒術

獨特的**撫摸、畫圈、托提**，
幫動物寶貝建立信任、減壓，主人也**一起療癒**。

狗狗篇
DOG

Linda Tellington-Jones **琳達‧泰林頓瓊斯**——著

Vicki Huang **黃薇菁**——譯

GETTING IN TTOUCH WITH YOUR DOG
A Gentle Approach to Influencing Behavior, Health, and Performance

僅以本書獻給我的姐姐羅蘋，
她的TTouch改變了極多飼主和狗狗的生命。

目錄

泰林頓 TTouch 訓練輔具　96

進階學習遊戲場　114

泰林頓 TTouch™ 系統 ── 綜觀

劃圈式 TTouch

劃一又四分之一圈的基本 TTouch 手法可減輕壓力及恐懼，提昇放鬆、肢體意識、智能及學習能力。TTouch 身體碰觸法旨爲支持及提昇細胞溝通，讓狗狗保持健康快樂。多數 TTouch 手法以發明人琳達・泰林頓瓊斯曾做過 TTouch 的動物起名。

鮑魚式、臥豹式、雲豹式、浣熊式、熊式、虎式、三頭馬車式、駱馬式、黑猩猩式、盤蟒式

滑撫式及托提式 TTouch

在狗狗身上長撫的方式稱爲滑撫式，是 TTouch 不同於按摩的地方。滑撫主要在增加狗狗的身體意識、自信及良好感受。進行牛舌舔舔式 TTouch 或 Z 字形 TTouch 時，以手平順地縱橫狗狗的毛髮進行滑撫，只輕作接觸。進行蟒提式 TTouch 和毛蟲式 TTouch 時，輕輕托提皮膚，可增進循環，感受放鬆，也有助深呼吸。

蟒提式、蜘蛛拖犁式、毛髮滑撫式、牛舌舔舔式、諾亞長行式、Z 字形

個別部位的 TTouch

特定身體部位（例如耳朵、尾巴或腿部）適用某些 TTouch 手法。因手法而異，可能會使用劃圈式、托提式或縱橫毛髮的滑撫。耳朵 TTouch 有助讓狗狗安定專注，對於協助休克的狗狗甦醒或預防傷後休克很有效。嘴部和尾巴 TTouch 影響情緒，腿部劃圈 TTouch 有助改善平衡及柔軟度。

腹部托提、嘴部 TTouch、耳朵 TTouch、腿部劃圈、腳掌 TTouch 或利用腳掌在其他部位或東西上做 TTouch、尾巴 TTouch

進階學習遊戲場

穿越進階學習遊戲場裡的各式障礙物教導狗狗合作及專注，也提昇身、心和情緒的平衡。狗狗穿越過的障礙物越多，牠將變得越合作，越平衡，也越專注。對於害羞、過動、缺乏專注或會激動反應的狗狗，進階學習遊戲場的練習效果尤其彰顯。

迷宮、不同的地表材質、蹺蹺板、獨木橋、跨欄障礙、星形障礙、梯狀障礙、輪胎、角錐繞行障礙

TTouch 輔具

TTouch 輔具已經過多年發展，用來提昇
TTouch 身體碰觸法及地面練習的成效，
利用不同的胸背帶、牽繩技巧可鼓勵狗
狗思考及合作，不須使用蠻力或強勢地
位。輔具的設計及挑選皆以此為目的，
可讓狗狗恢復平衡，避免暴衝拉繩。

軟棒、平衡牽繩、平衡牽繩加強版、超級
平衡牽繩、胸背帶、身體包裹法、T 恤

把心放在手上，把手放在動物身上

我的工作是響片訓練師，多年前爲了充實自己必須經常閱讀國外的文章和書籍，資料裡不時出現 TTouch 這個字，使我不由得好奇。

爲求了解，我 2008 年去香港參加 TTouch 工作坊，結識了 TTouch 資深講師黛比（Debby）老師。工作坊上我學習到輕柔的 TTouch 手法，坦白說，當時我和多數初學者一樣，都不確定自己是否做得正確，也很難相信這麼輕的撫觸會有什麼效果，不過有兩件事讓我印象深刻：

一、現場有一隻靈提犬，牠的右髖部和右腿部有嚴重問題，已動過數次手術（從傷疤可見一班），走進上課場地時牠的右後腿縮著，只以三隻腳跛行。Debby 老師觀察了一下，然後幫牠綁上繃帶（請見「TTouch 身體包裹法」p108），下一秒這隻靈提犬就放下右後腿，以四腳著地行走，不再跛行，甚爲神奇。

二、TTouch 和響片訓練有個很棒的共同點：兩者都是由人和動物「共同參與」的過程，因此人必須學習看懂並且尊重動物的溝通訊息，依照動物能夠接受的範圍或能力決定過程。

身爲訓練師，我逐漸意識到訓練可能帶來一個危機。由於訓練可以讓動物出現行爲，於是人很容易把動物當成輸出行爲的機器，忽略了牠也是生命，擁有本能、感受和情緒，不過我認爲 TTouch 或許恰可補足這一點。

因此，從 2012 年起我邀請 Debby 老師到台灣授課，至今每年仍持續辦理三次 TTouch 工作坊，以下是部分學員的回饋：

「我們一直以爲狗狗從小就不喜摸摸，有時摸就會突然很兇地回咬。TTouch 比一般按摩讓牠更放鬆，很快翻肚（牠從不輕易翻肚）；連以前較難進行按摩的敏感部位也很容易接受。整個 TTouch 的過程，我們真的是人狗都很放鬆，很享受！」

「TTouch 真的很神奇！往常我家若來了陌生人，狗狗會狂叫不止。剛才來人時，我給牠做了 TTouch，2 分鐘就安靜了，來人走時也非常安靜！」

「我家領養的寵物貂，來我這八個月了，抱一會兒是不可能的，多摸幾下就逃跑。今天做了一次 TTouch，我居然能多摸她 3 分鐘啊！」

「工作上有隻很愛叫的紅貴賓對我反應很大，我無法把牠抓出籠，而且牠對碰觸很神經質，動不動就尖叫或咬人。我在牠洗澡前、洗澡時、剪毛後對牠進行約一分鐘 TTouch。剪毛後牠竟然一直向我靠過來，還要我抱。最大差別就是，把牠關籠後，我發現忘記幫牠帶上項圈，再次打開籠子，牠竟然向我靠近，乖乖讓我戴上項圈，真是天壤之別！」

「參加貓咪工作坊後嘗試以 TTouch 與毛孩培養感情，有過兩次神奇經驗。第一次是貓咪有傷口，我在傷口周圍 TTouch，隔天再看，傷口好了大半，雖然傷口本身也不是

太嚴重，就是皮肉傷，但痊癒的速度讓人驚嚇。第二次是近期幫朋友的貓咪 TTouch，因為貓咪外出緊張，我邊跟牠說話邊幫牠 TTouch，貓咪還能被我 TTouch 到想進入睡眠狀態。」

「參加工作坊後，開始在陪伴毛孩的過程中進行 TTouch，普遍接受度都很高，不太像平常摸摸會興奮起來，而是比較放鬆後的輕柔呼嚕嚕。生病的孩子也很能享受整個過程，有個稍怕生的孩子進行三天後對人的觸摸也不那麼警戒了。」

「如果一開始養寵物就能學習到這些觀念，學習運用 TTouch，相信跟人和寵物的接觸互動會更佳，事半功倍，貓狗飼育問題不再那麼棘手，因而也可減少小動物被遺棄的機率。」

「除了學習到 TTouch，我發現自己還學到更多的肢體語言與生命態度。有趣的是，這明明就不是心靈成長課程，但我在課程中感受到自己最近肌肉及情緒的緊繃；也許這些『緊張』與某種程度的正經已經成了我的習慣，我會學習讓自己更放鬆。」

TTouch 的確不只是摸摸，還包含許多與動物、他人或自己相處的理念，例如：

「觀察時想著，眼前看到什麼行為，不要急著上標籤。」

「動物的行為沒有好壞，它只是個行為。」

「把心放在手上，再把手放在動物身上」，覺察自己所為，用心撫觸。

「腦海裡想像希望出現的畫面」，確切知道自己想要什麼較容易水到渠成。

「關注什麼，它就會滋長」，留意關注喜見的行為，它就會常出現。

「勿執著於後果，著眼於過程」，放下得失心，海闊天空。

「若嘗試後無用，這不代表失敗，這只是資訊，讓人知道再做其他嘗試。」

「少即是多」，TTouch 不必一直做，一點點 TTouch 就可以獲得最佳成效。

「以身作則」想要動物安定冷靜，自己就先放慢腳步，深呼吸放鬆。

「暫停時間」，一個段落的句點，停止動作，讓動物能有時間深刻感受。

許多人和我一樣，非常喜歡 TTouch 帶來的改變和體悟，因此我們得以在台灣開辦 TTouch 療癒師培訓課程，未來將有更多 TTouch 療癒師把美好的 TTouch 介紹給大家。

TTouch 簡單易學，任何人都能上手，這種利用撫觸與身體溝通的方式可以在任何動物（包括人類）的身上進行。它不需任何先修基礎，不需要了解動物的生理結構，也不需要懂得訓練，非常容易入門。

如今這本 TTouch 入門書《TTouch® 神奇的毛小孩身心療癒術──狗狗篇》終於在台灣出版，它適合 TTouch 初學者或無法參加工作坊課程的朋友，有助建立基本概念／技巧及復習，可惜 TTouch 的博大精深在書中述及的部分尚不及十分之一，如果你想了解更多，參加工作坊或療癒師課程都是很棒的管道。

歡迎大家一起來體驗 TTouch ！

黃薇菁（Vicki）
- Vicki 響片訓練課程講師
- TTouch 認證療癒師
- 台灣 TTouch 工作坊主辦人
- 台灣 TTouch 療癒師課程負責人

基本知識

本書初版的上市時間距今已超過十年，現今有超過三十個國家的人在狗狗身上施作TTouch，以進行教育、訓練及改變行為和表現，並增進健康福祉。無數個案研究顯示，TTouch讓人犬之間發展出深厚關係，並建立特殊連結。

你的想法改變，你的狗就會改變

TTouch 經驗的驚人成果之一在於，你將學習以全新眼光看待你的狗。這個方法所啓發的人犬夥伴關係遠超乎傳統訓練的成果。你將發展出新的意識（看待事物的新觀點），並且在自己及狗狗身上看到新的可能性。

如果你能具體想像你希望狗狗出現的行爲，你就能讓牠出現那個行爲，用不著強迫及蠻力。人類常見的習慣是專注於不喜見的行爲上：狗狗吠叫、緊張、出現攻擊行爲、害怕巨響、撲人或暴衝扯繩，全是你腦中揮之不去的行爲。你可以改變這些不喜見的行爲，作法是在腦海中清楚刻劃你想要狗狗表現的行爲。

當狗狗撲在你身上，想像牠的四隻腳在地面；想像狗狗平衡地移動，而不是暴衝；當狗狗感到緊張或害怕，想像牠表現自信的樣子。

TTouch 的基本假設是「改變狗狗的姿勢，你就能影響狗的行爲。」結合運用 TTouch 手法、進階學習遊戲場的練習和輔具，你可以讓狗狗更加意識到自己的身體及姿勢，而且改變狗狗的姿勢可改變不喜見的行爲，例如，狗狗把尾巴夾在雙

這隻漂亮的羅德西亞背脊犬（Rhodesian Ridgeback）「妮娜」有時遇到新情境會沒有安全感，她在照片中站得很好，但尾巴貼著身體，顯示稍微缺乏安全感。

我以一隻手扶著牠的側面，再抓著牠的尾巴基部繞圈，這麼做讓牠重新感受尾巴和身體的連結，也慢慢建立牠的自信。

腿間顯然是牠缺乏安全感或表現恐懼。當尾巴的高度改變，狗狗將變得較有自信而克服本能恐懼反應，很多不同的尾巴 TTouch 手法將有助提昇狗狗的身體意識，致使表現自信的態度（見 p.39）

你的想法可能會改變情境，知名作家暨記者琳恩‧麥塔嘉（Lynne McTaggart）在著作《念力的秘密》（*The Intention Experiment*）中教導我們，創意十足的科學家已證實你可以透過念力實現目標，更多資訊請見她的網站 www.theintentionexperiment.com。

什麼是泰林頓 TTouch 系統？

狗狗的泰林頓 TTouch 系統是溫和尊重的訓練方法，著重於動物和飼主的身心靈，由四項組成：

- 身體碰觸法，稱為「泰林頓 TTouch」
- 地面練習，稱為「進階學習遊戲場」
- 泰林頓訓練輔具
- 意念：腦中想像的正向畫面是你希望狗狗出現的行為、表現及與你的關係。

泰林頓 TTouch 系統提昇學習、行為、

在嘴管、嘴唇和牙齦進行輕柔的臥豹式 TTouch，這對於使狗狗安定專注很有效，因為這會影響腦部主控情緒的邊緣系統（Limbic System）。

表現和健康，並且發展人犬的信任關係。

泰林頓 TTouch 的發展史

狗狗的 TTouch 系統從馬匹 TTouch 系統演變而來，幾十年間已擴展至包含所有動物及人類。

一般認爲動物身體碰觸法是現代流行趨勢，然而我的祖父威爾・凱烏德（Will Caywood）向俄羅斯吉普賽人學習到馬匹按摩法，因此奠定了我對於動物身體碰觸法的興趣。一九〇五年我的祖父在俄羅斯莫斯科中央賽馬場（Moscow Hippodrome）訓練賽馬期間，因爲當季訓練出了八十七隻冠軍馬而獲頒年度優秀訓練師獎，沙皇尼古拉斯二世（Czar Nicolas II）賜給他一支鑲有珠寶的枴杖作爲獎品。祖父把自己的成功歸因於每天花三十分鐘，以吉普賽按摩法，按摩馬場裡所有馬匹的每一吋肌膚。

一九六五年，我與當時的先生溫特沃斯・泰林頓（Wentworth Tellington）依俄羅斯吉普賽按摩法合著了一本書，書名是《競技馬匹的按摩及物理治療》（暫譯，*Massage and Physical Therapy for the Athletic Horse*）。我們在自己的馬匹身上使用這個按摩系統，藉以在百哩耐力賽、馬術障礙賽、三天連賽或馬展之後，協助馬匹恢復，我當時經常參加這類競賽。我們發現爲馬匹做了身體碰觸法後恢復得很快。

然而，當時我從未想過動物的行爲與

使用軟棒輕撫馬匹可以建立自信，協助牠放鬆。

這隻黑色拉不拉多非常興奮緊繃，牠的頭部高度反映出牠的情緒狀態。

個性、學習意願和學習能力會受到身體碰觸法的影響；一九七五年，一切有了轉變，我參加美國舊金山人本心理學學院（Humanistic Psychology Institute）的四年專業課程，由發明人摩謝・費登奎斯博士（Moshe Feldenkrais）教授一個整合人類身心的絕佳系統。

參加這個四年課程不太像是我會做的事，因為費登奎斯法是為了人類神經系統而發明的，而我來自馬的世界，當時我教授騎馬及訓馬已超過二十年，與人合辦「太平洋岸馬術研究農場暨馬術學校」（Pacific Coast Equestrian Research Farm and School of Horsemanship），擔任主任也已十年，該校致力於培訓馬術講師及訓馬師。

我報名這個課程時心想，我可以利用費登奎斯法提昇馬術學生的平衡和運動能力，強烈的直覺驅使著我，某種不知名的理由促使我上了這個課程，幾乎猶如我「知道」這個提昇運動能力、減輕疼痛並改善神經功能不全（無論來自受傷、疾病或先天）的方法將超乎有效地改善馬匹表現及身心福祉。

一九七五年七月，我有個茅塞頓開的經驗，引領我發展出訓馬的新方法，當時我躺在教室地板，和六十三位同學遵循著費登奎斯博士的指導。這只是上課第二天，我們跟著指示進行一連串輕柔的動作，所謂的「從動中覺察」練習（Awareness through Movement®）。費登奎斯博士表示，運用非慣性的動作可以提昇一個人的學習潛能，也可大幅縮短學習時間，這些動作可以在坐著、站著或躺著時進行，這樣的練習帶來新的身體意識及功能。

費登奎斯博士的理論是，非慣性動作會活化腦部尚未使用的神經傳遞途徑，喚醒新的腦細胞，因而提昇學習能力。

我聽到他這麼說的第一個想法是：「我可以讓馬出現什麼『非慣性』動作，以提昇馬的學習能力呢？」

一九七五至一九七九年間，我夏天在美國舊金山上費登奎斯課程，冬天則在德國與無數馬匹練習，發展利用非慣性動作穿越各式障礙的方法。利用穿越迷宮、星狀障礙和平台的練習，馬匹的行為和平衡出現驚人改善，也顯示新的學習意願和學習能力，不需要施壓或蠻力（這些障礙練習現今稱為「進階學習遊戲場」，穿越種種障礙的狗狗變得更加合作及平衡，也更專注）。

有了德國「西發里亞邦測試中心」（Reken Test Center）創辦人娥蘇拉·布朗斯（Ursula Bruns）的鼓勵，以及我聰慧的姐姐羅蘋·虎德（Robyn Hood）給我的支持，我演變出來的系統最初稱為「泰林頓馬匹覺察法」（Tellington Equine Awareness Method or TTEAM），現今則稱為「泰林頓法」或「泰林頓 TTouch 系統」。

泰林頓 TTouch 的誕生

一九八三年，我的焦點從費登奎斯法轉向探索神奇的劃圈式泰林頓 TTouch。泰林頓 TTouch 的誕生是「頓悟」的結果，頓悟的定義是「理解力突然間直覺大躍進，尤其透過某個尋常但令人印象深刻的事件」。這個「突然事件」發生於一九八三年，在美國德拉瓦馬獸醫診所

（Delaware Equine Veterinary Clinic）。 當時有一隻十二歲的純種母馬，處於極疼痛的狀態，梳毛或上鞍時通常企圖踢人或咬人，我把雙手放在牠身上，牠變得非常安靜，牠的主人溫蒂不敢相信自己的眼睛，她問我：「為什麼我的母馬這麼安靜？你的祕訣是什麼？你是使用能量嗎？你在做什麼呢？」我直覺回答她：「不要擔心我做什麼，只要把手放在牠肩膀上，以劃圈方式移動皮膚。」我對自己的回答感到意外，但我已學會信任自己的直覺，所以我等著接下來會如何。我從不曾意識到自己以劃圈方式移動皮膚，我驚奇地看著溫蒂在母馬肩膀劃出一個個小圈，母馬如同對我一樣，安靜站著。

當下那一刻，我理解到剛發生了非常特別的事，接下來的數月數年期間，我實驗劃圈時採不同力道、劃圈大小及劃圈速度。我依直覺以許多不同方式使用我的手，依動物喜歡的方式回應，我姐姐羅蘋的觀察力敏銳有如貓頭鷹，多年以來她與我合作找出了 TTouch 的許多技巧。

細胞溝通

泰林頓 TTouch 的要旨之一是增進細胞溝通，也支持身體的療癒潛能，我對於細胞的興趣從一九七六年被喚醒，當時我閱讀了英國諾貝爾獎得主神經生理學家查爾斯・斯科特謝靈頓（Sir Charles Sherrington）的著作《人與人性》（暫譯，*Man on His Nature*）。書中其中一段

陳述，成為我第二個改變人生的經驗，它說：「如果神經被移除了幾英吋，分離的神經兩端多半能找到彼此，這怎麼可能呢？因為體內的每個細胞都知道自己在體內的功能，也知道自己在宇宙中的功能。」我記得斯科特謝靈頓是這麼說的。

我感到非常驚訝的是，構成身體的五十兆細胞具有智能，而且當人或動物處於身心健康狀態，每個細胞能獨自行使功能，然細胞間又能展現驚人合作及溝通。

我開始把身體視為細胞的集合體，並且突然想到一個概念：碰觸別的個體時，我能讓我的手指細胞在細胞層次傳遞一個提供支持的簡單訊息：「請想起你能完美運作的潛能，請想起你的完美狀態……」每個泰林頓 TTouch 所劃的圈都帶著這個主要訊息。

當有人問我，怎麼可能與素未謀面的動物（在如此短暫的時間裡）產生如此深刻的連結及信任，我深信是因為我連結到了細胞層次，泰林頓 TTouch 是不用言語的跨物種語言。

今日的泰林頓 TTouch

今日的 TTouch 手法不只二十多個，每一個對動物的效果都稍微不同，隨著我發現越來越多手法，我理解到我們需要為手法命名，而且不是平淡無奇的名字，而是創意十足的特殊名字，容易讓人記住。以我曾施作 TTouch、觸發特別回憶的動物為手法起名似乎理所當然。

為了贏得信任，我在狗狗前額做了連結的雲豹式TTouch，同時以另一隻手穩定頭部。

蟒提式TTouch為狗狗的腿部帶來意識和新感受，有助恐懼緊張的狗狗，讓牠感到更有「接地」的踏實感。

　　舉例來說，雲豹式TTouch的命名靈感來自我與美國洛杉磯動物園裡一隻三個月幼豹的經驗，牠的母親拒絕照護，於是發展出吸吮自己腿部、不斷用雙腳腳掌按推數小時不停的神經質習慣。我在牠嘴部劃小圈TTouch因應牠的情緒問題，也在牠的腳掌上做，協助腳掌放鬆並增加腳掌的感受。雲豹式的「雲」指的是以極輕力道（輕飄如雲）用整個手掌碰觸身體，而「豹」則指手指施壓的力道範圍，豹身體輕盈，走路時有如輕柔TTouch，用力踏步時有如力道較重的TTouch。

　　蟒提式TTouch的命名來自一條近四公尺長緬甸球蟒「喬伊絲」，一九八七年我在美國加州聖地牙哥動物園贊助的第二十屆動物園管理員年會上與牠示範。喬伊絲每年春天就會復發肺炎，我起初先在

牠身上使用劃小圈的浣熊式TTouch，牠出現抽搐，不喜歡這樣，我憑直覺轉換成在牠身體下方做小小動作的緩慢托提，藉以刺激牠的肺，幾分鐘後喬伊絲把整條身體伸展開來，我讓牠滑動離開，運動一下。當我再度在牠身上劃小圈，牠已完全放鬆下來，並且轉頭看著我，鼻頭幾乎快碰到我的手。

　　TTouch建立自信，增進合作，發展動物的能力、學習意願和學習能力，讓動物超越本能，教導動物思考而非直接反應，TTouch系統基本上是在動物全身進行輕柔劃圈、托提和滑撫。TTouch旨於活化細胞功能，增進細胞溝通，好比「在身體各處點燈」。全身可以進行TTouch，每個劃圈TTouch都帶有完整訊息。要成功改變不喜歡的習慣或行為，或

電影《威鯨闖天關》（Free Willy）系列的虎鯨明星「凱哥」向我游近，牠前一天剛體驗過第一次TTouch。

我和野生動物園的母郊狼「明蒂」建立連結，牠把腳掌放在我手上。

者加速傷口或疾病的療癒都不需要了解解剖學。

　　TTouch 可釋放疼痛和恐懼。二十年前當我開始在重創動物身上看到很大改變時，人們對此還了解不多，也沒有解釋TTouch 結果的研究。現今神經科學家甘蒂絲·柏特（Candice Pert）在著作《情緒

分子的奇幻世界》（*Molecules of Emotion*）裡證實，我們的細胞留存情緒，會被神經傳導物質傳送至腦部，我相信這就是為何TTouch 能夠成功釋放恐懼，並且為動物和飼主帶來新的自信感受和美好感受。

　　三十年間，有數以千計的人回饋，自己在全無過往經驗之下成功使用TTouch，我們現在也有研究顯示 TTouch能影響人類和動物的壓力荷爾蒙，也能降低脈搏數及呼吸速率。教師、作家暨研究學者安娜·懷斯（Anna Wise）的研究顯示，劃圈式 TTouch 活化 TTouch 施作者和接受者的腦部，呈現所謂「心智覺醒狀態」的特殊模式，此即高創意人士及民間醫治者的腦波模式，可能說明了為何極多TTouch 使用者皆極為成功的原因。

狗狗的泰林頓TTouch系統

　　世界聞名的科學家魯珀特·謝德瑞克（Rupert Sheldrake）在他引人入勝的著作《狗狗知道你要回家？探索不可思議的動物感知能力》（*Dogs that Know When Their Owners Are Coming Home*）裡證實，狗狗能讀懂我們的心思，即使遠離我們也能夠接收到我們的腦中畫面。對我來說這確認了一點，多年來我的狗之所以極為合作乃因為我對牠們抱持清楚明白的期望，此即許多不當行為個案裡導致成功或失敗的差異所在。

　　泰林頓 TTouch 系統已發展為世界上許多國家的狗狗飼主、訓練師、繁殖者、

獸醫及動物收容所人員所使用的方法，提供一個正向非暴力的訓練策略，但是它不只是個訓練方法。結合特定 TTouch 手法、帶領練習、穿越障礙練習（稱為進階學習遊戲場），你可以改善狗狗的表現和健康，解決常見行為問題，並且正向改善生理問題。你可以利用 TTouch 協助疾病或傷口痊癒，或提昇你家狗狗的生活品質。許多人會發現自己和狗狗產生更深層融洽的關係，並且從這種不用言語的跨物種溝通方式獲得正面回饋。

泰林頓 TTouch 系統可協助問題狗狗，包括過度吠叫、過度啃咬、暴衝扯繩、攻擊行為、恐懼開咬、膽怯害羞、抗拒美容、過動及神經質、暈車、髖關節發育不全、恐懼雷聲及巨響。它對於老化問題（例如僵硬及關節炎）許多其他常見行為和生理疾病也有幫助。本書附有一個總表列出行為和生理問題，以及推薦的 TTouch 手法，方便一目了然，然而對於許多涉及行為的個案，如果你任選三種 TTouch 手法施行狗狗全身，並且做幾次進階學習遊戲場的練習，你將體驗到牠在行為上的改善。書中列表提供一些祕訣，但是一旦你做過練習，請學習信任自己的感覺和直覺，跟隨你的手指去做。

親自試作TTouch

眾所皆知按摩能放鬆肌肉，TTouch 的概念則更進一步，你的狗可以開始以新的方式進行學習及合作，短暫練習幾回即

這隻五個月的黑熊孤兒「肯亞」謹慎地把腳掌放在我手臂上，試圖與我溝通。TTouch 是跨物種的獨特語言。

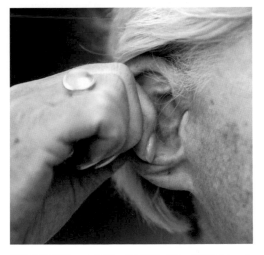

對狗狗做 TTouch 之前，先在自己身上做些 TTouch 可能會很有幫助，耳朵 TTouch 可讓人放鬆，影響全身，也有助疼痛及休克狀態。

可能使行為產生永久變化。只要每天二至十分鐘的 TTouch 便可達到驚人成果。許多人發現在短短練習幾回之後，他們的狗開始要求每天要有 TTouch 時間。

TTouch 很棒的一點是，你不需要把圈劃得完美也能成功，你也不需要知道身體的解剖學，而按摩則不然。你也不必一次就試做所有 TTouch 手法，而是可以從其中一些手法開始，再慢慢增加你會的手法。我通常建議從臥豹式 TTouch 或雲豹式 TTouch 開始。找出你家狗最喜歡的 TTouch 手法。

當你開始做 TTouch，確保手指放鬆，並以輕輕的力道移動皮膚。每個基本 TTouch 是一又四分之一圈，當你劃完一個 TTouch，把手指輕輕滑到另一個點，再開始下一個 TTouch，依此做法，你沿著狗狗的身體劃出一連串的圈圈。經驗顯示，溫和輕柔的碰觸比用力碰觸來得有效。最重要的是，與狗狗共享 TTouch 的神奇感受。

邊緣系統

嘴部及耳朵 TTouch 對於狗狗身心情緒的健康具有長足影響。嘴部和耳朵直接連結邊緣系統（The Limbic System），是主控情緒的腦部區域，當情緒狀態不佳，對於狗狗的學習能力具有直接影響。邊緣系統掌管：

● 自保以及物種存衍

● 情緒及感受（興奮及恐懼）
● 戰或逃的反應
● 儲存記憶

邊緣系統與以下相關：

● 呼吸
● 心跳調節
● 感受疼痛
● 感受溫度變化
● 嗅覺和視覺
● 調節體內水份
● 體溫
● 循環
● 攝取營養

壓力

依壓力原因及強度而定，所有生物因應壓力可能有不同反應：

● 戰鬥
● 逃走
● 定格不動
● 昏厥
● 沒事找事做，啃咬

狗狗出現的許多行為改變和疾病乃因壓力導致，當我們更了解狗狗的壓力來源及影響，我們會有更多協助狗狗面對壓力的工具。

舔嘴唇有時是「安定訊號」,狗狗用以表示牠需要安定眼前的艱難情境。

那裡發生什麼事?這隻狗呈現肌肉緊繃,處於這個姿勢讓牠不易聽從牽繩者的話。

「安定訊號」

　　仔細觀察是了解狗狗向我們溝通什麼訊號的關鍵,當狗狗在特定環境或情境裡感受到威脅,為免觸發衝突或累積過大壓力,能看出這些訊號並予以回應尤其重要。吐蕊‧魯格斯(Turid Rugaas)曾描述許多狗狗向其他動物及人類傳達訊息的行為,她取名為「安定訊號」,吐蕊定義這些訊號為「和平的語言,讓狗狗得以避免或解決衝突,以和平方式共同生活」,你可能較常觀察得到的安定訊號包括:

- 打呵欠
- 舔舌
- 轉身/撇頭
- 邀玩姿勢
- 嗅聞地面
- 緩慢行走
- 接近時繞半圈
- 坐下抬起前腳
- 搔癢

　　如同我們接近別人時不會死盯著對方或侵入他們的「個體空間」,狗狗和其他動物也會給予訊號定義自己的個體空間或舒適度,最好雙方狗狗都能給予或辨識出這些訊號,社交時才能合宜應對。對人而言也很重要的是,辨認出安定訊號並且意識到這些溝通訊號有可能進展為壓力訊號,特別是如果牠起初即遭忽略或持續存在威脅。當狗狗表現壓力徵兆或極端的行為反應,我們可利用肢體語言和安定訊號傳達我們沒有威脅性的意圖,並且建立信任。

　　把眼神撇開、從側面接近、蹲下來、輕聲細語並以手背作初次碰觸都可用來向

緊繃時的姿勢

「姿勢改變，行為就會改變。」狗狗的姿勢非常清楚地表達情緒，害怕的狗可能以尾巴夾在兩腿間顯示牠的恐懼。當你能改變牠的姿勢，你就能改變牠的行為。

緊繃徵兆

嘴部	● 嘴角往後拉 ● 流口水 ● 口乾 ● 嘴唇僵硬 ● 雙頰鼓起
耳朵	● 豎立 ● 緊貼身體 ● 往後拉 ● 縮摺在一起
眼睛	● 圓睜 ● 瞪視 ● 露出眼白 ● 瞇眼
頭度高度	● 過高 ● 過低
尾巴	● 僵硬 ● 夾在兩腿間 ● 緊繃，貼近身體 ● 尾巴搖得過度
姿勢	● 蹲伏 ● 四腳朝天 ● 身體緊繃高挺 ● 極靜止不動
呼吸	● 過度喘氣 ● 屏氣

狗狗示意，我們真的會「聆聽」牠所擔心的事。

從 TTouch 的觀點來看，你也要仔細注意姿勢和平衡，當狗的肢體不平衡，牠的情緒和心理也常失衡。姿勢提供許多線索，有關狗狗在特定環境裡的生理激動狀態及擔憂狀態。夾尾、耳朵壓平、嘴角拉緊和把頭放低的姿態常見於處在恐懼或焦慮狀態的狗狗。頭抬高、尾巴放鬆、體重平均分擔在四隻腳上且耳朵朝前的姿勢則可能在感到安定自信的狗狗身上觀察得到。狗狗有壓力的徵兆如下：

● 呼吸急促
● 發抖
● 肌肉緊繃
● 坐立難安
● 發出聲音（吠叫、哀鳴或嚎叫）
● 做些無厘頭的事（例如追尾巴）
● 過度理毛（例如在生殖器或腳掌）
● 暴躁易怒
● 啃咬東西
● 過度舔舐
● 流口水
● 誇張地大搖尾巴
● 拒絕零食
● 無法專心
● 腳底流汗
● 掉毛

消化問題、沒有食慾、拉肚子或排尿問題也是常見的有壓力徵兆，如果是長期處於緊張狀態，你常會注意到惱人的體味或口臭，毛髮黯淡有皮屑、發癢及搔抓情形。

壓力上昇時會如何？

遇到壓力上昇的的情況，身體大量分泌腎上腺素和可體松，讓身體做好戰或逃的準備，在威脅遠離之後，狗狗的身體要花很久時間才能恢復。運用 TTouch、身體包裹法及地面練習可以有效地加速恢復，使用軟棒長撫動物也有助減少壓力，尤其在剛進入壓力情境的最初階段就這麼做會特別有效。

獸醫的觀點

瑪提娜・西蒙爾是獸醫，在奧地利提供整體獸醫（holistic veterinary medicine）診療服務，她已使用泰林頓 TTouch 多年，從一九八七年就深入參與 TTouch，她以狗狗及馬匹 TTouch 作為執業及講座活動的主要內容已有十五年。

西蒙爾醫生寫道：

「第一次聽說泰林頓 TTouch 時，我才剛開始念獸醫系，我之所以去上第一堂 TTouch 課程是因為有匹問題馬兒，牠對於任何傳統療法毫無反應。當我發現我能用 TTouch 迅速協助那匹馬，我完全著迷了。我馬上領悟到自己終於找到追尋多年、想要用在動物身上的絕佳方法。

奧地利獸醫瑪提娜．西蒙爾有非常好的 TTouch 使用經驗，每日執業都會用到它。

然而，我受的是科學訓練，因此抱持著懷疑，新的做法須經測試才能知道是否真如第一印象般有其價值。我當學生時所接受的教導是質疑每件事，並且細心觀察。因此，我把第一群研究對象的進度記錄下來，並且詳細寫下 TTouch 訓練日誌。日後，在我更有經驗之後，我開始在系上和我的學生組了一個 TTouch 工作團隊。很榮幸的，維也納大學（University of Vienna）一直都擁有開明的教授，例如，針灸已開課多年，而且在一九八九年及一九九○年，琳達．泰林頓瓊斯是骨科學系的客座教授，該系也在一九九八年聘用我教授選修課程『用於復健及行為調整

的身體碰觸法』，有二十四名學生修完了這堂課。」

TTouch 的成效可以測量嗎？

「要科學證實 TTouch 的成效，琳達．泰林頓瓊斯支援了多項測量脈搏、腦波及血液可體松濃度的研究，所有結果顯示 TTouch 引起動物身體出現改變，當把 TTouch 撫摸法用在動物身上，原本加快的脈搏很快便可以緩下來；腦波模式檢測顯示腦波活動提高，這是學習時發生的典型現象；血液檢查顯示當動物接受 TTouch，牠的壓力荷爾蒙會降低，但目前還未有人發表大量的科學數據及分析。一旦工作之餘有多點時間，我就會設計研究，主題是 TTouch 對於動物在壓力下的可體松濃度有何作用。一位德國生物學家現在正在研究 TTouch 療法對於人類疼痛程度的影響。

「目前，我們只能夠觀察到 TTouch 降低壓力，減少疼痛，也使動物更安定，更放鬆順從，不過更多的科學研究已在進行中。」

無數範例之一

「當琳達開始發展狗狗 TTouch 系統，已參與馬匹 TTouch 系統的獸醫馬上就表示支持，我們所有獸醫都必須應付太多在診療台上恐懼得發抖或必須被拖進診間的狗，如果我們能改善動物的看診經驗，即使只改善一點點，不但對我們有所幫助，對動物和飼主也有幫助。

「我從來沒有忘記過我們的第一次訓犬經驗，一位同事帶來她的哈士奇犬，除了飼主以外牠不肯給別人摸，她男友花了兩年時間才使狗能勉強容忍讓他摸。第一天哈士奇躲在診療台下，顯示牠很害怕，其中一位 TTouch 療癒師崔克西用軟棒輕撫那隻狗，然後把軟棒反過來，以把手末端作劃圈式 TTouch。慢慢地，她可以把手順著軟棒滑上去，偷偷用手背很快劃幾圈 TTouch，這回 TTouch 持續約十分鐘，崔克西覺得這對狗狗應該夠了，便讓牠休息。

「當我們一天工作結束，坐下來討論我們學到了什麼，哈士奇從躲藏點處走出來，坐在崔克西身旁，把頭枕在她大腿上，允許她摸摸，我們非常驚訝，無法想像牠竟改變得這麼快。經驗教會我的是，成效不一定總是來得這麼快，通常需要多一點時間、知識和耐心。不過無論如何都會有成效，尤其與傳統訓練方法相比。」

當狗開始像這樣枕著頭，這就是牠信任這個人的徵兆。

獸醫診療時使用 TTouch

西蒙爾醫生繼續寫道：

「你應該時時意識到自己的安全最為重要。處於疼痛的狗即使通常極度溫和，牠在任何時刻都可能反射性地空咬或真咬，因此在有潛在危險的情況之下，你應該使用嘴套或請另一人安全地穩定狗。常發生的狀況是，人們非常專心進行 TTouch 而忘記留意自己的肢體語言，你應該避免任何可能看似威脅的手勢或身體位置，例如不要在狗狗的上方彎腰或直視狗狗眼睛。

- 接觸緊張的動物時，不定點地做一秒的雲豹式 TTouch，這會讓你獲得狗狗的信任，讓檢查更容易進行。
- 如果狗狗不讓你碰觸或治療某個身體部位，以連結方式沿多條直線使用浣熊式和雲豹式 TTouch。
- TTouch 不僅有助動物釋放恐懼及緊繃，對於治療疼痛也極有幫助。TTouch 可以加速傷口癒合，效果可比成功的雷射治療，然而，我們隨時可使用雙手，而且比複雜的機器便宜太多了。當然，傷口必須先清創和消毒，也

常必須縫合及包紮，在這些做完後，以極輕的力道在繃帶周圍及上方施行浣熊式和臥豹式 TTouch。

● 患有關節炎、僵直性脊椎炎或退化性髖關節疾病的狗狗對於 TTouch 輔助治療有良好反應。關節疾病無法醫治的診斷非常令獸醫挫折，也特別令飼主挫折，有了 TTouch，飼主能夠減輕狗狗的疼痛，也可將藥物使用減到最少。

● 適當進行尾巴 TTouch 有助改善脊椎和椎間盤的問題。

● 成長迅速的大型犬種容易出現發育及協調的問題，TTouch 可改善身體前半部與後半部的連結，特別有幫助的手法是 Z 字形 TTouch、蜘蛛拖犁式 TTouch 和連結起來的劃圈式 TTouch。

● 許多狗狗不斷復發牙齒和牙齦問題，例如牙菌斑、牙垢、牙齦發炎甚至蛀牙。好的預防照護包括特別飲食及定期刷牙，如果狗狗習慣嘴部 TTouch 的話，這些都會容易很多。

● 輕輕按摩狗狗的耳朵，你將很快贏得牠的心。這是琳達·泰林頓瓊斯最重要的發現之一，耳朵 TTouch 應該是獸醫的常備技能，因為它可以救命：出意外後休克、循環衰竭（circulatory failure）、中暑、麻醉後，都極為有用，對於較輕度的情況產生的驚嚇（例如暈車）也極有用。」

獸醫診療時運用帶領練習及地面練習
西蒙爾醫生繼續寫道：

「常有人詢問獸醫有關動物行為的問題。要求出現『非慣性』動作（本書引言描述過的費登奎斯概念）的地面練習促進動物的肢體平衡及情緒平衡，這個方法大幅改善專注力及協調，改變動物和人類已習得的行為模式。地面練習的目標是讓狗的身體恢復平衡，並且提供牠在愉快無壓力之下運用自己身體的經驗。最終，狗狗將能夠有意識的行動，而非依直覺反應。

在獸醫診療中嘴部 TTouch 很重要，因為它能讓狗狗準備好接受進行無壓力的牙齒及牙齦檢查。

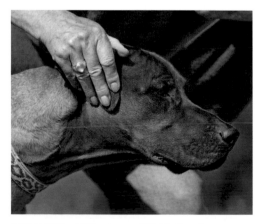

狗狗休克時，耳朵 TTouch 可以救牠一命。

獸醫丹尼菈・祖爾的祕訣

丹尼菈・祖爾是德國的獸醫暨狗狗 TTouch 療癒師，著有兩本德文書，是有關 TTouch 之於狗貓獸醫醫療和整體行為療法的運用。她整理了自己執業時運用 TTouch 最有用處的清單。

耳朵 TTouch	麻醉或手術後，耳朵 TTouch 有助穩定心血管系統。如果狗狗躁動，我們會把牠放在溫暖安靜的區域，緩慢輕柔地搓撫牠的耳朵，如果耳朵冷冷的，牠沒法醒過來，可加快搓撫速度並更急切一點。
腹部托提	狗狗消化不良或胃痛時，腹部托提可以讓牠舒緩很多。如果腹部很緊繃，用極輕力道托提。當狗狗沒法讓你用手碰觸，利用一條彈性繃帶進行輕柔的小小托提。
嘴部 TTouch	我們從人類醫學得知，溫和刺激臉部會帶來放鬆。狗狗嘴部 TTouch 可以減少緊繃或協助牠面對過度興奮的情境。
雲豹式 TTouch	膀胱經縱走狗的背部肌肉，與脊椎平行，這條經絡涵蓋所有與動物器官相關的重要穴道，因此沿著背部進行 TTouch 不只支持背部肌肉，也支持器官功能。
腳掌 TTouch	你注意過狗狗經過高低起伏地形時，看來多麼輕盈不費力嗎？或者，牠很少會踩到另一隻狗留下的排泄物？狗狗腳掌上分佈無數敏感的神經末梢，這代表你需要特別留意牠的腳掌，並且教導牠信任你碰觸牠的腳掌。
尾巴 TTouch	斷尾的狗在斷尾部分時常很緊繃，因而影響牠的平衡及行走方式。當這裡的緊繃壓力紓解了，狗狗的動作將有大幅改善。所幸多數狗狗現在都可以保留這個重要的身體部位，但即使尾巴無缺陷的狗狗也可能出現背痛及恐懼，因而使尾部緊繃。尾巴 TTouch 有助創造身體後半部的意識及自信。
駱馬式 TTouch	當我初次和動物建立連結時，這是我最喜歡的 TTouch 手法。在收容所裡或遇見任何新狗狗時，這也是很棒的手法。當狗狗沒有自信時，很重要的是用駱馬式 TTouch 配合你的肢體語言：撇開眼神，轉身側對，並且深呼吸。

● 解決許多問題的絕佳輔助作法是正確使用適當的胸背帶,做兩點牽引(請見胸背帶章節說明)。我們不會拉扯普通項圈或 P 字鏈,以避免對狗狗頸椎有任何傷害。現在已廣泛得知,使用 P 字鏈猛然拉扯的傳統糾錯方法可能嚴重損害狗的脖子和喉頭。
● 身體包裹法給予恐懼及過動的狗狗微妙的身體架構,幫助牠們更有安全感,舉例來說,兒童心理學家也利用類似的『包裹』技巧治療恐慌症。」

訓犬師的TTouch經驗

　　史蒂薇・艾佛斯度是英國的行為諮商師暨訓犬師,以成功調整狗狗的攻擊行為及其他行為問題而稱著。許多不同犬種的狗狗遭人以錯誤方法進行護衛犬訓練(Schutzhund),因而無法對人表現穩定信賴的行為,史蒂薇常成為這些狗、牠們的

頭頸圈搭配普通項圈或胸背帶有助狗狗回復平衡,不過現今 TTouch 帶領法普遍已不使用頭頸圈。

飼主及訓犬師的最後希望。她寫道:

　　「我第一次學到泰林頓 TTouch 是在九〇年代初期的某個週末工作坊,我發現它的理念很有意思,但有點『瘋狂』,我並沒有自己試著做。一九九六年夏天,我發現琳達・泰林頓瓊斯將在我家附近地區開課,所以我決定參加。上完一天的課時,我對於所見及所學感到著迷,琳達的示範燃起了我的興趣,激勵我終於嘗試做了 TTouch,自那時起我盡可能利用任何機會學習 TTouch。

　　許多狗狗來見我時有各式各樣的問題,有些激動得直打轉,有些怕生,有些有攻擊性。多數個案的共通點是壓力,壓力使動物無法學習新的事物,因此 TTouch 產生的安定效果極有用處,我一次一次地發現,二十分鐘的 TTouch 即足以放鬆狗狗緊繃的身體,緊繃被安定及接受度所取代,狗狗變得專心留意。

　　隨著壓力降低,狗狗的自信心提昇,狗狗現在有能力改變不喜見的行為模式。當飼主對狗狗進行 TTouch,人犬關係獲得改善,這是邁向成功非常重要的步驟,因為我只是中介者,畢竟飼主才是帶狗回家,教導牠新行為的人。

　　地面練習在多方面都極為重要,狗狗學習留意不同任務,當狗狗學習專心於特定練習,恐懼就會被釋放。狗狗的協調及步調有所改善,對於競技訓練及敏捷訓練非常重要,此外,地面練習有助狗狗的平衡,意謂牠學習到自行平衡站姿及坐姿,不會拉扯牽繩也不會倚著人。換句話說,

狗狗學習為自己的行為負責，這是處理行為問題的關鍵。」

卡嘉‧克勞斯

　　卡嘉‧克勞斯是德國柏林的訓犬師暨作家，也是 TTouch 療癒師。她寫道：

　　「對我而言，泰林頓 TTouch 有無限可能，它實用易學，對於所有類別的訓犬及所有訓犬程度都有幫助。當訓練有 TTouch 為輔，幼犬更容易學會『如何學習』，恐懼或過動失控的年輕狗狗在穿上 T 恤（p.110）後常能馬上安定下來。

「進階學習遊戲場」上有幾隻狗狗正同時練習著，穿越低高度的跨欄障礙對狗狗和飼主都相當具激勵效果。

對於會對其他人犬出現不當行為的狗狗，與其他人犬一起進行團體 TTouch 練習會很有幫助。

「對人太依賴的狗狗可透過『進階學習遊戲場』的非慣性動作（p.114）學會與人相處的新方式，我依然對於狗狗的迅速改變感到驚奇，若非已目睹數百次，否則我也不會相信。

「參與敏捷、服從競賽和定期狗展的狗狗、搜救犬、服務犬和警犬全可以從 TTouch 獲益，若讓狗狗進入賽場前或開始執勤前接受一回 TTouch，結果顯示牠可拉長維持注意力的時間，其姿勢及協調性也較佳。我經常用在我家狗身上，牠受過尋找建築物裡長霉處的訓練。探視老年人或病患的狗狗能學習到享受被人碰觸，援助犬也能與主人更快建立連結，而 TTouch 釋放身體緊繃的放鬆效果也對牠有益。

「TTouch 與其他訓練方法（例如響片訓練）可以互補搭配。全世界皆知 TTouch，我甚至曾接獲到杜拜皇宮示範 TTouch 的邀請。

「TTouch 療癒師和相關人士透過網路討論區保持連繫，不斷交流新想法，讓 TTouch 持續成長及演變，新的帶領位置及更精細的 TTouch 手法不斷加入課程中，讓 TTouch 系統更加有效更易教學。

「TTouch 不是看來炫酷的事，但是它的結果才是 TTouch 的盛名所在，依我看，這是現在及未來對待動物的方式。」

畢比・迪恩和伊利亞

畢比・迪恩是 TTouch 療癒師課程講師，也是德國 TTouch 協會（TTouch Guild）會長，她寫道：

「你可以想像從馬爾他（Malta）帶回來一隻在街上討生活的狗，然後發現牠懷孕了嗎？更糟的是，牠生下了十一隻活蹦亂跳的幼犬。

「其中一隻幼犬是伊利亞，在我德國的三樓公寓裡出世，結果牠正是我所需要的一隻狗，牠是隻快樂的狗，可以把尾巴上下搖，左右擺，也可以順時鐘或逆時鐘繞圈轉，嗯，牠現在能夠這麼做，可是我第一次見到牠時是不行的。

「當時牠會把頭歪一邊，注視我，以可愛模樣告訴我，牠完全不知道人類是怎麼回事，也不知他們要牠做什麼。馬爾他的街犬之所以得名不只因為牠們在街上生活，這個特定犬種世代以來學會在人類附近生活及偷取食物，但是可能極為獨立，也很謹慎，不讓自己被抓。

「伊利亞努力嘗試學習，對牠來說並非易事，優秀街犬所需的所有條件都深植在牠的腦內，食物是第一要件，牠害怕陌生人，極害怕小孩，具有驚人的狩獵本能。我多年來教導學生，TTouch 和正增強*有助多數行為問題，但是伊利亞比任何我見過的狗需要更多協助，而且需要做

---

*譯註：「正增強」（positive reinforcement）：行為出現後，出現動物喜見的事物，於是行為變得較常發生。例：狗狗趴下來，即出現一塊牛排可以吃，牠變常常趴下。

畢比·迪恩和伊利亞。畢比已擔任德國 TTouch 協會會長數年。

畢比也是德國馬匹 TTouch 季訊的編輯,該季刊滿載著有趣的文章及個案研究。

更多 TTouch,牠讓我得動腦筋!

「這是測試我的理論的大好時機,我真正想要的是一隻陪同我騎馬穿越森林的狗,不用牽繩也不會惹麻煩,琳達認為我應該放棄這一點,幫牠戴上牽繩,原因是伊利亞不是那種可以在森林放任牠自由活動的狗,但我接受了這個挑戰!

伊利亞教會我,TTouch 對於提昇合作意願多麼有其幫助,現在我有一隻帶給我無限喜樂的超棒狗狗。牠陪著我長途騎馬,用不著牽繩,牠跳越樹枝和石頭的速度及敏捷度讓我驚奇,只要我輕聲的呼喚,牠就會回到我身邊,即使小徑前方幾

公尺處有隻鹿正穿越小徑。

「我們一起學習的過程裡,我一次都沒有對牠大罵,或甚至使用任何形式的負增強*。我對我們感到極其驕傲。伊利亞(我的挑戰)是個很棒的成功例子,我現在可以說百分之百深信,即使遇到極困難的狗,如果你知道你要的是什麼,也懂得 TTouch,你與狗狗能達到的合作程度將無法想像。」

卡琳·彼得費林和尚普斯

卡琳·彼得費林是生物學家,也是德

---

*譯註:「負增強」(negative reinforcement):動物不喜見的事物一直持續,直到行為出現才消失,於是行為變得較常發生。例:狗狗想睡覺,你一直戳牠煩牠,於是牠鑽到你沒法搆到牠的床底下,以後牠常常會鑽到床底下睡覺。

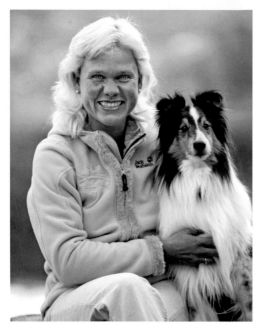

卡琳‧彼得費林和狗狗查布里斯。她是生物學家，也是伴侶動物 TTouch 療癒師課程和人類 TTouch 療癒師課程的講師。

卡琳和命被耳朵 TTouch 救回一命的尚普斯。卡琳是位自然醫學療癒師，積極參與動物救援。

國人類 TTouch 療癒師課程的講師及主辦人。她寫道：

「尚普斯是耳朵 TTouch 的神奇實證：兩年前，有匹馬猛然後踢，踢中了牠的頭，尚普斯飛落到四公尺外，落地時耳朵和鼻子冒出血來，我把牠抱起時牠已失去意識，鼻脊也骨折了，琳達說過的話『緊急時馬上做耳朵 TTouch。』突然從我的腦袋蹦出，我立即開始搓撫牠的耳朵，從基部撫到耳尖。

「過不久，尚普斯清醒過來，朋友開車載我們到獸醫院，一路上我持續做著耳朵 TTouch，當我為了餵食牠一點救援花精而片刻停止 TTouch，牠再度喪失意識，牠的身體變得緊繃，癲癇發作，我馬上恢復做耳朵 TTouch，牠即恢復意識。

「獸醫幫牠打了針，減少鼻子的腫脹，但是沒給我們多大的希望。他說牠的腦受到很大創傷，我們需要有最壞的心理準備：尚普斯活過那一晚的機會極為渺茫。

「我把尚普斯帶回家，我先生安德烈與我整晚輪流幫牠的耳朵做 TTouch，我們沒有停過手，因為我們每次休息不做，牠就會喪失意識。

「幸運地，我們摯愛的狗狗不但那一晚活了下來，牠也完完全全地康復了。現今，尚普斯是我忠實的工作伙伴，陪同我

參加 TTouch 示範講座，也喜愛跳『狗狗之舞』。我無法以言語表達我多麼感謝在牠發生意外之際，我懂得做 TTouch。」

蓋比・冒和提巴

蓋比・冒是德國的第三級伴侶動物 TTouch 療癒師，她寫道：

「我一直在尋找溫和尊重的動物訓練法，由於我最早的兩隻狗狗養得輕鬆沒有問題，我從來沒有必要帶牠們去上課或調整行為。

「這一切在我們第三隻幼犬『提巴』來到我們生命裡時完全改變了，牠極度恐懼，我們完全不明白原因，然而牠兩歲大時，獸醫診斷牠開始出現遺傳性眼疾，提巴到了三歲已失明，因而大大改變了牠的世界：牠變得極度缺乏安全感，如果有牆可以倚靠，牠才會站起來，當我們帶牠外出，牠會黏在我們身邊，如果我們試圖托起牠的腳掌，牠就會咬人。此時我們發覺，當提巴還是幼犬時，一定已有視覺問題，只是我們當時沒看出來。

我們認養了一隻三歲母犬芬妮與牠作伴，但不幸的是，牠會因恐懼而咬人或咬狗。那時剛好琳達・泰林頓瓊斯預計要在

蓋比・冒和五歲庇里牛斯山牧羊犬（Pyrenean Shepherd dog）奎威夫，牠已成為蓋比療癒診所上的重要助手。

透過 TTouch，提巴雖然失明但變得安定冷靜又鎮定，照片中蓋比和提巴正參加一場狗狗展。

德國亞琛舉行狗狗 TTouch 示範講座。

「我對於她讓講座中的狗狗出現的迅速改變感到欣喜興奮，她使用的方法充滿冷靜安定和溫柔碰觸，沒有一絲攻擊性、強勢或壓力，這正是我一直以來所尋覓的方法。

「我的狗對於 TTouch 也同樣感到欣喜和喜愛，然而我變得停不下來，強烈感受到我需要與其他狗狗及飼主分享這麼棒的知識，一九八一年我參加了狗狗的 TTouch 療癒師課程。

「我教過療癒診所、實操工作坊及個案客戶，而且過去五年也與最大的訓犬機構合作，評估異常犬隻行為，看看

TTouch 可以提供什麼協助。

「TTouch 以許多不同方式改變了我的人生，我很感謝琳達為我們所有人所做出的貢獻。」

麗莎・萊佛特和高菲

麗莎・萊佛特是第三級伴侶動物 TTouch 療癒師，她居住在瑞士伯恩和法國蔚藍海岸，她寫道：

「我個人的 TTouch 成功故事始於十三年前，當時我住在鄉間，家中五個月傑克羅素犬最愛的休閒活動是和我家貓一起追老鼠，但在牠把老鼠吞下肚後，樂趣就結束了，牠不斷嚴重胃痛，持續多日，有礙牠的成長和發育。

「為了避免牠胃痛的問題，獸醫建議我在高菲外出時戴上嘴套，但對我來說，我無法接受這個選項，所以我開始尋找其他方法。

「一位朋友告訴我，有位美國女士『拉拉狗耳朵』就讓牠回復平衡，剛好附近有間診所舉辦課程，我覺得參加沒有什麼損失，所以就報名了。

「我即刻對 TTouch 著了迷，我愛琳達對動物表達的尊重和意識，我想要把這個方法納入我的人生。我是個殷勤熱切的學生，很快就在高菲耳朵上劃著圈，輕撫耳朵，做腹部托提，並且用繃帶幫牠包裹身體。

「高菲接受度很高，享受著這種身體碰觸法。我感覺到那個週末強化了我們之

麗莎・萊佛特和假狗杜咖（Durga），示範各式 TTouch 輔具時牠永遠是耐心服從的模範。

琳達和我正以「家鴿旅程」（Journey of the Homing Pigeon）的技巧帶領貴賓犬吉亞可摩。帶領狗狗在進階學習遊戲場練習時，人永遠站在平行狗狗肩膀的位置很重要。

間的連結，我在那個週末之後持續使用TTouch，幾天後我的小小狗顯然不再有消化不良的問題了。

「那件事讓我心服口服：我非常感謝有這個極棒的禮物，馬上報名為期三年的TTouch療癒師課程，我將能夠參與自家動物和任何我遇見之動物的福祉，對此我甚為欣喜興奮，今日我是第三級TTouch療癒師，有幸與許多狗狗及牠們的飼主分享令人驚嘆的TTouch。

「高菲現在是老太太了，但是牠仍堅持跟著我教授工作坊，從牠的睡籃裡監督，確保一切井然有序。牠要求每天TTouch以協助牠增強體力，也讓牠有健康感受。牠依然喜歡穿梭在進階學習遊戲場上，有助牠年邁的身體維持專注及部分協調性。TTouch對我來說是很棒的工具，讓我能夠藉以感謝我家狗狗給我的耐

性、奉承與合作。」

黛比・柏茲和尚娜

黛比是伴侶動物和馬匹的 TTouch 療癒師課程講師，住在美國奧勒岡州的波特蘭市。她寫道：

「我教授 TTouch 時熱衷推廣的概念之一是教導狗狗生活技能，不只是教服從指令，因為許多狗狗把服從做得很好，但是當沒人給牠們指令，牠們就會出現極具破壞性的行為，導致家庭問題。當時五

黛比・柏茲在奇奇身上使用 TTouch，她在美國及世界許多地方教授 TTouch 療癒師課程，你在「釋放狗狗潛能」（暫譯，Unleash Your Dog's Potential）DVD 裡可以看到她示範使用身體包裹法。

歲的巨型雪納瑞尚娜威脅到家中的飼主關係，牠不斷哀鳴的行為使飼主羅伯特極為困擾，以致他懷疑自己是否能夠繼續和尚娜生活在同個屋裡，他和妻子瓊安參加了訓犬俱樂部，嘗試以許多不同方法停止尚娜的哀鳴，但是徒勞無功。絕望之下，他們帶尚娜來找我上一堂個別課程。

「我檢查牠的身體時，發現牠被剪過的雙耳極為緊繃，幾乎像是灌上水泥般牢牢固定在頭上。我在牠全身上下做 TTouch，並且再回到耳朵做了幾次，讓牠的細胞在沒接受 TTouch 的時間裡得以處理 TTouch 帶來的資訊。課程結束時，尚娜的耳朵已經釋放緊繃壓力，實際上雙耳還變長了。

「TTouch 的基本哲學之一是『姿勢改變，行為就會改變』，這對尚娜來說絕對屬實，單只是讓牠的耳朵放鬆並且釋放牠頭部的緊繃壓力就出現了顯著差異。另一個 TTouch 的原則是『你的想法改變，你的狗就會改變』，我也鼓勵尚娜的飼主想像牠表現出安靜冷靜的樣子。進行 TTouch 的後果（我相信，他們改變了對尚娜的期望）是牠停止了哀鳴。我認為這堂課裡我幫助了一隻狗，還挽救了一段婚姻。」

凱西・卡斯加德和艾爾夫

凱西・卡斯加德是狗狗 TTouch 療癒師課程的講師，她主事救援而來的犬隻，居住在美國奧勒岡州。她寫道：

「在我們的 TTouch 工作中,我們有時遇到的動物曾遭遇過不同形式的忽略、虐待或暴力,通常是人類所致,聽到這些可憐的故事叫人很難承受或很難不感到憤怒,但是當下更重要的是專注於我們眼前的動物身上,我們幫忙這些動物的目標是協助牠們脫離過往經驗的局限,發揮牠們最大的潛能。」

艾爾夫從鬥狗場裡被人救援出來,在某個救援團體待了一陣子,中途看護人茉莉・吉伯帶牠去找過凱西。

凱西說:「茉莉和艾爾夫第一次來找我時,牠蜷縮在車內地板上,不肯下車。再怎麼哄或給出好吃零食都沒效,艾爾夫就是不願意動!當然,我們是可以把牠拖下車或抱下車,但是這麼做抵觸我們提供艾爾夫一些選擇及獲取牠信任的目的。」

最後,凱西的狗印蒂在開啟的車門前來回走來走去,花了數分鐘才把艾爾夫誘出車外。

艾爾夫極度恐懼,初期幾堂課為了建立牠的信任,採取緩慢小步驟的進展,每次只讓牠體驗一種事物,凱西開始讓艾爾夫使用身體繃帶,減少牠四肢僵硬定格及碰觸敏感的情形,她說:「第一次為時不長,當艾爾夫覺得需要離開我就讓牠這麼做,提供牠選擇似乎減輕牠的恐懼,到後來牠開始靠近我,待在我身邊,讓我做久一點的 TTouch。我們的目標是讓艾爾夫接受幾種感到安全的全新感官體驗,讓牠獲得自信。」

凱西的 TTouch 對艾爾夫的影響在幾

凱西・卡斯加德讓一隻參加療癒診所課程的狗狗試戴頭頸圈(現今 TTouch 已不使用頭頸圈,由適當的胸背帶代替)。她在進階學習遊戲場利用 TTouch 作為狗狗表現良好的獎勵。

個月後昭然若揭,此時茉莉帶著改頭換面的艾爾夫參加一場凱西的週末工作坊,凱西滿心歡喜向大家報告:「艾爾夫在那個場合表現得棒透了!見證艾爾夫在陌生環境裡以新的自信和能力面對極多不同的人,對茉莉和我而言是個意義重大的時刻。」

艾迪珍・伊頓和阿樓

艾迪珍・伊頓是狗狗和馬匹 TTouch 療癒師課程講師,住在加拿大渥太華附近。她說:

「阿樓是隻年輕大丹犬,身材精壯腿又長,牠的姿勢卻讓牠看來比實際體型小了十幾公分,飼主南西帶阿樓參加療癒診所的課程,希望牠能克服羞怯,並且改變

牠害怕時就去車庫尿尿的習慣模式。

「我即刻注意到阿樓的頭低低的，而且緊夾著尾巴，對周遭環境缺乏興趣，而且需要倚靠在南西身上，當她往旁邊移動一步，阿樓馬上必須靠近她，倚在她身上，倚靠在人身上常被視為情感表達，但較準確來看，代表心理缺乏平衡及自信。

「我沒法把阿樓的腿抬離地面做腿部繞圈，我猜想在牠被牽繩散步時是否也顯示缺乏平衡，沒錯！牠會暴衝扯繩。我懷疑阿樓的平衡問題是引發尿尿問題的因素，唯有在車庫裡牠才能感到安全，才敢以三條腿站立。

「阿樓的嘴巴也很乾，腳掌冰冷僵硬，尾巴很緊繃，經常屏住呼吸，提供我們很多身體部位以協助牠找回身體平衡及克服羞怯。我們把我 TTouch 工具箱裡的每樣工具都試過一下，從進階學習遊戲場開始，我使用平衡牽繩帶領牠，我馬上注意到當我要牠走慢一點，牠就會失去走路步調。

「腿部的蟒提式 TTouch 有助循環，並且讓牠能接地『踏實地』走路，對牠很有幫助，而在腳掌和嘴部做黑猩猩式 TTouch 也一樣有助益。我在牠非常乾燥的嘴巴內進行 TTouch 之前會先把手弄濕，也利用尾巴 TTouch 改善牠的姿勢及自我形象。

艾迪珍‧伊頓成為 TTouch 療癒師已多年，在北美、歐洲、南非、紐西蘭和澳洲教授療癒診所的課程。

「我們幫阿樓綁了半身繃帶，藉以鼓勵牠深呼吸，也提高牠的柔軟度，平衡牽繩教導牠把重心平衡分散在四條腿上，肩膀及腹部的鮑魚式 TTouch 以及輕柔拉扯尾巴對於改變牠的姿勢也有幫助。我們利用『家鴿旅程』的技巧讓牠產生自我個體的空間感。

「結束時，阿樓看來像是一隻全新的狗，牠的頭和尾巴舉得高高，也能夠環顧四週。阿樓不再倚在飼主身上，而是以四隻腿平衡站著。腿部繞圈變得輕易不費力，牠也不再暴衝扯繩了。

「還有，飼主非常開心的是，牠不再去車庫尿尿了。」

羅蘋·虎德和她的比利時牧羊犬羅伊。羅蘋是我姐姐，和我共同創辦泰林頓 TTouch 系統，她在世界各地教授療癒診所的課程，並且是《TTEAM Connection》的編輯。

羅蘋·虎德和羅伊

羅蘋·虎德是狗狗和馬匹 TTouch 療癒師課程講師，住在加拿大英屬哥倫比亞省弗農市，開設「冰島馬場」。她寫道：

「若說一隻強壯的大型比利時牧羊犬能毫不費力在陡坡上下來回跑，也能迅速穿越泥地和高低起伏的地勢，卻沒法好好走屋裡的幾階樓梯，這聽來很瘋狂，可是我的狗羅伊以前就有這個問題。

「牠在與我生活之前從未進過屋內，牠能夠在上下兩側開放的樓梯行走，但是如果樓梯有一側貼牆牠就無法這麼做，當時的臥室在樓上，牠極想上樓，但是害怕這麼做。

「我開始幫牠包裹身體繃帶，而且只要求牠接近最下面一階的樓梯。我在牠身體上做了一些耳朵滑撫、Z 字形和鮑魚式 TTouch。我坐在樓梯上，給牠一點食物吃，就放在第一階樓梯前面的地上，接下來牠在第一階上吃了點食物。我滑撫牽繩，要牠再靠近一點，牠把一隻腳踏上第一階，然後另一腳也踏上去。我在第二階樓梯上方餵了牠一些零食，然後只是讓牠站在那裡一些時間，接著就把牠帶離樓梯，告訴牠：「可以了！」，就此打住。

「在兩個小時內，牠即能自己走上樓梯。與其大肆強調樓梯的存在，只是讓牠稍微『體驗』一下有什麼可能性，讓牠自己想一想，牠彷彿吸了口氣，然後就認為自己做得到了。」

泰林頓 T Touch

泰林頓 TTouch 是一種溫柔碰觸身體的方式，包含劃圈、托提和滑撫，
以手在全身施行。TTouch 的第二個 T 字母代表英文字「信任」（trust），
人們稱 TTouch 為無須言語的跨物種語言，當你對你的狗做 TTouch，你
將體驗到與牠的神奇連結。本章裡我將引導你認識不同 TTouch 手法。

TTouch 身體碰觸法
對狗狗有何影響？

　　TTouch 是種非語言性語言，使人犬的連結更加深入，只要每日做幾分鐘 TTouch 即可對狗狗的自信、態度、性格及行為產生驚人的正向效果，也能支持牠的健康。

　　TTouch 身體碰觸法的目標是活化細胞的生命力和功能，也喚醒細胞智能，進而產生身心平衡，隨著狗狗獲得自信，你和牠之間也產生更多信任。

　　TTouch 刺激身體的自癒能力及學習能力。神經學家安娜・懷茲（Anna Wise）曾與心理生物學家暨生物物理學家麥克

泰林頓 TTouch 幫助我和這隻首次接觸的狗之間產生信任和尊敬。

斯威爾・凱得（Maxwell Cade）共事，凱得博士發現，當人處於最有效率的心智功能狀態，兩個大腦半球都明顯出現 alpha波、beta 波、theta 波和 delta 波的持續模式，凱得博士稱之為「心智覺醒狀態」（Awakened Mind State）。

　　安娜發現，當在人類身上進行劃一又四分之一圈的 TTouch，所有四種腦波模式都受到刺激，形成理想的學習狀態，甚至更驚人的是，施作 TTouch 的人和接受者出現相同的特殊腦波模式。

　　安娜進一步以馬匹進行研究，顯示接受 TTouch 的動物在兩個大腦半球裡的所有四種腦波也出現相同的活化情形。一九八五年莫斯科比特薩奧運馬術中心的俄羅斯獸醫進行研究，顯示接受 TTouch 的馬匹降低了壓力荷爾蒙濃度，在我的網站 www.ttouch.com 你可以找到更多關於這些科學研究的資訊。在我的「釋放狗狗潛能」DVD 上你可以看到狗狗接受 TTouch 碰觸法後前後差異有多大。

TTouch 支持智能

　　美國韋氏字典對智能的定義是「適應新情況的能力」。TTouch 在教導動物適應可能產生壓力的新環境時，非常有幫助。

　　動物如同人類，有時會感到壓力，TTouch 這個絕佳工具可限制壓力帶來的負面影響，讓動物的狀態轉為放鬆、提昇學習時的「開放心態」及學習能力，並且接受了當下情境，這種狀態有助狗狗和領

犬者面對新事物或艱難情況時不害怕或擔憂。

有了 TTouch 的幫助，你可以鞏固以信任為基礎的強烈人犬連結，一隻信任你的狗會為了你赴湯蹈火！

透過 TTouch，你的狗將更加意識到自己的身體，也將感到更有自信。TTouch 有助減少恐懼、緊張及緊繃壓力，有些 TTouch 手法可能看似按摩，但 TTouch 非常不同於按摩，它使用非常輕的力道，而且它的手法對於細胞有非常特定的作用，我喜歡把這種作用稱為「點燈」，目標是提昇體內每個細胞的療癒潛能。

TTouch 讓這隻狗的身體感到更舒適自在，並且支持牠的情緒及肢體平衡。

TTouch 九大要素：

泰林頓 TTouch 系統有九個要素，熟悉這些要素就能夠成功運用。

1. 基本劃圈

手不在皮膚上滑動，而是在肌肉之上「移動」皮膚。想像皮膚上有個時鐘鐘面，從六點鐘（底部）開始，以順時鐘方向移動皮膚一圈，然後繼續劃至九點鐘（鐘面左方），這樣的一又四分之一圈是 TTouch 基本劃圈。

通常應該是順時鐘方向，然而請留意劃圈方向：如果你的狗不喜歡順時鐘劃圈，在改變力道、速度或嘗試不同 TTouch 手法之前，先試試逆時鐘方向劃圈。

2. 力道分級

TTouch 力道分為十級，從第一級到第十級，然而幫狗狗做 TTouch 時應該只用到第一至四級。開始時先使用最輕的可能力道，即第一級力道，謹記：你的主要目標是支持細胞功能和溝通。

第一級力道

要感受一下不同力道，以一手扶住另一手臂彎折起來的手肘，把大姆指放在臉頰上，再用手指輕輕移動眼睛下方的細緻

皮膚，劃一又四分之一圈，留心不要在皮膚上滑動手指。換成在手臂上一樣劃圈，注意第一級力道幾乎不會讓皮膚出現下壓的痕跡。

第三級力道

要感受第三級力道，把手指下移約兩三公分至顴骨處，讓彎曲中指的指腹重量明顯與顴骨連結，感受劃一個圈。改成在手臂上以相同力道劃圈，觀察皮膚下壓的程度，注意第一級和第三級的差異，第二級力道介於兩者之間。

要訣：找出你和狗狗都覺得適當的力道。遇到傷口或發炎處，用較輕的力道：第一級或第二級即足夠了。第三級是極常用的力道，一旦你的 TTouch 做得較為熟練，你將直覺知道適用某情形的最佳力道。

3. 節奏

「節奏」是讓皮膚劃完一又四分之一圈所花的時間，我們會用到一至三秒。若要讓狗狗興奮起來，使用一至兩秒劃圈，

若想讓狗狗安定或專注，使用兩秒劃圈。一秒劃圈在減少腫脹及舒緩急性疼痛時最為有效。謹記：當你想刺激狗狗，劃圈劃快一點，當你想要安定狗狗，劃圈劃慢一點。

4. 用心覺察的暫停

在身體上做了幾次劃圈後，做完劃一又四分之一圈時手保持連結，稍停片刻，我們戲稱它為 P.A.W.S.（A Pause that Allows a Wondrous Stillness. 帶來奇妙沉靜感受的暫停片刻），讓狗狗有時間整合新的感受。

5. 把 TTouch 連結起來

TTouch 可以在狗狗全身上下施作，與其隨機跳著部位做，較佳做法可能是沿直線進行，完成劃圈後輕輕將手指滑動到下個施作點，一般施作方向是由前端至後端。然而，遇到疼痛、敏感或受傷的區域，不可連結 TTouch 施作點，而是把手指移離身體，在空中平順移至下一點，輕輕連結皮膚，再劃下一個圈，我們稱之為「編織」（weaving）技巧。

6. 身體姿勢

你的狗狗可以站著、坐著或趴著。確保自己處於舒適的位置，你才能放鬆地做 TTouch。幫小隻狗狗做 TTouch 時，把牠放在桌上或和你一起在沙發上會讓你感到較為舒適。

若狗狗在地上，找個舒適安全的位

置，如果狗狗緊張或你不認識牠（例如收容所狗狗），安全起見請避免在牠上方彎下腰。如果是隻恐懼犬或激動犬，坐在凳子或椅子上會讓你保持平衡，也可輕易移動遠離。

為動物施作 TTouch 時使用雙手，以一手做 TTouch，另一手與狗狗做連結並讓牠維持位置。

做頭部或耳朵部位時，以另一手托住狗狗的下顎。進行背部 TTouch 時，用另一手支持狗狗的胸部或同時在身體對側的同一部位進行 TTouch 會很有幫助。

7. 用心覺察呼吸

人專注時屏住呼吸是常見的人類特色。以鼻子吸氣再噘起嘴唇緩慢呼氣可以讓你保持安定專注又充滿活力，因為這種意識性呼吸產生供氧效果，稱為「吐氣末正壓」（Positive End Expiratory Pressure，簡稱 PEEP），觀察這個呼吸方式對狗狗的呼吸有何影響，如何讓牠保持安定放鬆。

8. 意念

TTouch 的主要意念是，對於你希望的狗狗行為、表現及人犬關係抱持正向的

畫面，知道你可以以意念影響狗狗的行為和健康。

我居住在夏威夷，我在當地從一位精神領袖處學到一個所謂「完美與麻煩」（Pono and Pilikia）的練習。「Pono」意謂完美狀態，理想的生命狀態，「Pilikia」意謂重大創傷事件或劇變，依我們的用途，它代表的會是你想改變的問題或行為。

「完美與麻煩」練習有助你改變狗狗的行為，人類常見的特點是只看見狗狗的

成功祕訣一
對於狗狗的行為或健康，不要用眼睛看，而是用你的期望看待它！

假設你的願望成真，感覺一下當你真的達成目標時會有什麼情緒，讓歡愉的感受貫流全身，與你完美健康的狗狗一同慶祝。你的狗狗出現的行為會與以下相關：

● 你的**期望**
● 你的**姿勢**
● 你的**清楚表達**
● 你的**反應**
● 你的**指引**

在你心中和想法裡留存完美狗狗的畫面，這將為你的狗狗打開一扇門，讓牠成為你期望的樣子。

問題，有時忘記好的方面。狗狗的失控行為可能令人非常挫折，所以請把你的想法寫下來，協助自己體認你的狗狗為你的人生帶來了什麼禮物。

對一些個案來說，這個練習協助釐清了狗狗可能不適合飼主家庭或不適合原本要牠擔任的工作。多數個案裡，飼主體認到問題沒有他們以為的那麼嚴重，而且得知可以透過泰林頓 TTouch 找到解決方法時，都鬆了一口氣。

拿一張紙，在正中央畫一條縱線，在左上方寫上「完美」二字，然後在下方列出所有你最愛你家狗狗的事。在右上方寫上「麻煩」二字，再於下方列出所有你希望狗狗改變或改善的不良行為。

9. 回饋

既然你的狗狗沒法說話，請你傾聽牠的語言，留意最微小的訊號。記錄狗狗可能表現的任何「安定訊號」、叫聲、迴避或肢體訊號。你最先需要學習的是，狗狗遇以下狀況時有什麼徵兆：

● 恐懼和怕生羞怯
● 過動，過度敏感
● 無法專注
● 無法變通，學習受阻
● 攻擊行為

狗狗表現不自在的其他訊號如下：

● 屏住呼吸

成功祕訣二
記住你的狗狗很完美

　　一旦你發展出對自己重複說「我的狗狗很完美」的習慣，你將向牠傳達看見牠如此「完美」是件很棒的事，你和牠的連結將滋生茁壯。

　　有句英文諺語說：「二十一天做某個動作，你將獲得一個習慣。」在此很適用，當你連著二十一天重複某件事，它將變成「你的」，你不用思考就能做出這個動作。

　　尋找狗狗可改善的小小步驟，專注在上頭，然後你將注意到一切水到渠成。

- 定格不動
- 尾巴夾在雙腿間
- 肌肉抽動
- 躁動難安
- 任何呈現沒有安全感或緊繃壓力的徵兆

　　你應該表示你已接收到訊號，作法是改成在狗狗的另一個身體位置施作 TTouch，或改變 TTouch 的手法、力道或速度，向狗狗顯示牠能信任你，你也願意傾聽牠擔心什麼。

安全提醒

- 如果你不是專業訓犬師或 TTouch 療癒師，只和自家的動物做 TTouch 較為安全。
- 對自家狗狗做 TTouch 時，你應該對牠瞭若指掌，也不應該害怕做出任何可能的突發性自衛動作。永遠要當心。

- 永遠不直視被驚嚇的犬隻或具攻擊性犬隻的眼睛，有些狗狗可能視為威脅，然而一定要用餘光瞄著牠的臉部，而且雙眼保持柔和友善。
- 從狗狗側面接近牠，並且從牠的肩膀開始做 TTouch。
- 要察覺狗狗的回饋，牠看來緊張或擔心時，換個 TTouch 手法或移至另一部位做。
- 許多狗狗喜歡躺著進行 TTouch，但有些狗狗較喜歡站著或坐著。確保自己很舒適，保持手腕打直，留意自己的呼吸。
- 在狗狗頭部或耳朵進行 TTouch 時要支持牠的下巴。如果狗狗的背部或臀部酸痛，在你 TTouch 尾巴或背部時，用另一隻手圍住牠的胸部。
- 要讓正在撲跳或轉圈的小型犬定住別亂動，用大姆指穿入項圈，並以手的其他部位圍住牠的胸口。

建立信任和注入舒適感

鮑魚式TTouch

由於整個手部的接觸提供溫暖及安全感,這個手法適用於生性敏感的狗狗。你也可用它協助緊張的動物安定放鬆。如果狗狗對於碰觸或梳毛極為敏感,鮑魚式TTouch有助牠克服恐懼和抗拒。

方法

　　要做鮑魚式TTouch,把手輕放在狗狗身上,以整個手依一又四分之一的基本劃圈移動皮膚,重要的是,力道只要足以移動皮膚,不會讓手在皮膚表面滑動。鮑魚式與臥豹式TTouch(p.50)非常相似,但因為鮑魚式TTouch移動皮膚劃圈時是用整個手(而非用手指),比較容易做。

　　以另一隻手建立連結,輕輕支持著身體。鮑魚式TTouch的節奏通常是兩秒,永遠用極輕的力道。如果狗狗處於疼痛,使用第一級力道;如果部位緊繃,使用第一級或第二級力道。

　　完成劃圈後,沿著身體把手滑動到下一點再重新開始劃圈,這麼做把兩個劃圈點連結起來。

　　做了三四次TTouch劃圈後,用心覺察地暫停一下,讓神經系統有時間整合TTouch帶來的資訊。

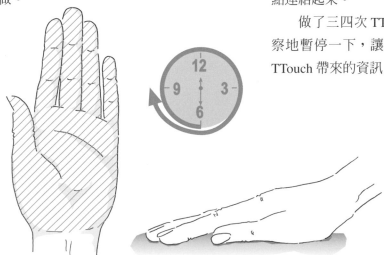

圖解示範

1. **胸部** 以鮑魚式 TTouch 安定緊張狗狗，以及放鬆狗狗胸部緊繃疼痛的肌肉都效果極佳，手的溫度對這個效果很有貢獻。

2. **頭部和嘴部** 在狗狗頭部兩側做鮑魚式 TTouch 可以為嘴部 TTouch 做準備。有安定作用的鮑魚式 TTouch 在頭部兩側產生沉靜的連結及信任感，照片中我用雙手溫柔托住狗狗的嘴管，讓牠感到安定也建立信任。

3. **背部和胸肋** 沿著妮娜的背部和胸肋緩慢進行輕柔的鮑魚式 TTouch，使用第二級力道和兩秒劃圈法，牠放鬆得趴下並閣上眼。我在牠胸肋以橫向進行連結起來的鮑魚式 TTouch。

Q：

如果 TTouch 狗狗時，牠會亂動不好好站著該怎麼辦？

剛開始時，對於緊張、害羞或年輕狗狗，你可能需要輕柔地限制牠的行動範圍。如果你的狗狗開始時安靜，但在你開始做 TTouch 後開始躁動或想離開，以下是幾個可能的解決方式：

- 調整你的力道和速度
- 意識到自己的呼吸，放輕鬆
- 把你的手指放鬆
- 分散到全身不同部位做 TTouch
- 專注於把圈劃圓
- 確保 TTouch 的區域沒有敏感或疼痛問題
- 改用不同 TTouch 手法
- 想像狗狗放鬆的畫面
- 每回保持短短的時間就好
- 開始時劃圈速度快一點（一秒），再逐漸變慢

有安定作用，獲得更深層的連結

臥豹式TTouch

臥豹式 TTouch 的接觸區域是手指，可能包括所有指節或只有部分指節。雖然在身體上劃圈時，手掌只輕觸到身體，但的確也會移動皮膚。如果你在小型犬的腿上做 TTouch 只會用到手指的第一指節移動皮膚。這個手法是用來建立信任和放鬆，很適合作為提供溫暖及安全感的鮑魚式 TTouch 與專注精確的雲豹式TTouch之間的過渡橋樑。

方法

把手輕輕放在狗狗身上，如圖示，用手指內側移動皮膚作基本劃圈，在身體上做時的接觸區通常是手部的陰影區域，但是有些情形（例如 TTouch 頭部或腿部）就不會接觸到手掌。

如下頁圖片 ① 所示，以另一隻手圍住狗狗的身體，大姆指與其他手指一樣接觸狗狗的身體，但它不用劃圈。

兩秒劃圈有安定作用，及帶來身體意識，每當你完成劃圈，滑至幾公分外的下一個點，連結起下個圈。

幾次 TTouch 之後，在九點鐘位置用心覺察，暫停一下，讓狗狗有機會能夠完全體驗 TTouch。

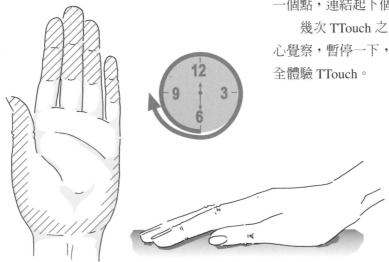

圖解示範

1-2 **頭部和頸部** 許多狗狗喜歡頭部被人用心地碰觸,然而,如果你的狗狗很獨立或膽怯,起初可能必須從肩膀開始做,先讓牠接受。在狗狗額頭、嘴巴兩側、嘴管下部和頸部輕柔進行臥豹式 TTouches,建立起牠的信任。

3 **肩膀** 緊繃的肩膀肌肉使狗狗的步伐和呼吸受限,用輕柔的臥豹式 TTouches 放鬆緊繃的肩部肌肉,減少恐懼、緊張和過動,並且成就更佳的身心情緒平衡。

4 **大腿和腿部** 你可協助髖關節發育不全的狗狗、密集訓練後肌肉疲勞的狗狗或對巨響激動反應的狗狗,方法是在大腿內側和外側做臥豹式 TTouches。從大腿最上端開始,沿直線方式做連結起來的臥豹式劃圈,直至腳掌,完成多次劃圈後,在九點鐘位置暫停兩秒鐘。

提昇身體意識、注意力及連結

雲豹式TTouch

雲豹式 TTouch 是 TTouch 的基本手法，所有其他的劃圈式手法都是雲豹式 TTouch 的變化型。施作此手法時應該稍微彎曲手指，指腹稍微併在一起，視狗狗的體型而定，你可以使用極輕力道（第一級）或在大型犬身上使用第三級力道。經常使用此手法，你的狗狗將發展出更多信任及合作意願。此手法已證實對於緊張和焦慮的狗狗尤其有效，也有助狗狗面對新情境和挑戰性情境（例如服從訓練或比賽）時感到更有自信。對於缺乏安全感的狗狗或患有神經性疾病的狗狗，雲豹式 TTouch 也可改善協調。

方法

把手（稍微彎曲手指）放在狗狗身上，輕輕併著手指，以一又四分之一圈移動皮膚，圖中陰影區域是應該接觸到狗狗皮膚的區域。

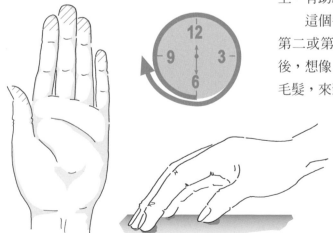

把大姆指歇放在狗狗身體，以其他手指和狗狗建立連結。手腕儘可能維持打直及靈活度，你的手指、手、手臂和肩膀應該保持放鬆。另一隻手也要放在狗狗身上，有助維持你的平衡。

這個手法最常使用兩秒劃圈，力道為第二或第三級。完成一個雲豹式 TTouch 後，想像自己沿著一條直線，把手指滑過毛髮，來到下一個點，連結起下個雲豹式 TTouch，這麼做改善狗狗對於自己身體的意識。每三～四次 TTouch 後暫停一下，有助狗狗整合效應。

圖解示範

1. **從頭部至尾巴** 在狗狗全身施作雲豹式 TTouches 將讓牠更意識到自己的身體，也提昇牠的良好感受。從頭部中央開始，以直線方式做連結 TTouch，通過頸部、肩膀和整個背部，繼續以類似方式，走平行直線做連結 TTouch。

2-3. **前腿和後腿** 緊張焦慮或羞怯的狗狗可以透過腿部的 TTouch 獲得自信，站立時也會變得比較接地踏實。如果牠願意接受的話，從腿部上端開始做，沿著腿施作至腳掌。狗狗可以站著或坐著，看牠哪個姿勢最舒適。TTouch 腳掌時使用第二級力道。

用於受傷、腫脹或敏感的部位

浣熊式 TTouch

浣熊式 TTouch 是最小也最細膩的 TTouch 手法，對於敏感的身體區域尤其有用，也能加速癒合。
遇到較小的身體部位（例如腳趾）或者有傷口或關節炎時可使用此手法，浣熊式 TTouch 常用於幼犬或小型犬種，以極輕力道使用此手法時可在極短時間裡減少疼痛或敏感區域。它可加速癒合，爲傷處帶來更多意識。

方法

彎曲指尖，視指甲長短可彎曲 60～90 度角，這個 TTouch 手法使用指尖，即指甲後的指端，以輕柔力道（第一級或第二級）劃出一又四分之一的小圈。

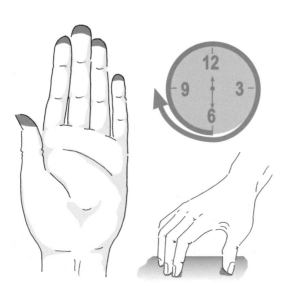

以大姆指作爲連結點可以把圈劃圓，也可保持力道輕柔。

浣熊式 TTouch 是較快速的 TTouch 手法之一，通常約花一秒，不過放慢速度至兩秒對於傷口癒合很有用。對於急性創傷，在傷處周圍使用第一級力道，或者可以改爲使用第一級力道的臥豹式 TTouch。

有時會遇到狗狗甚至連以大姆指做支點都無法承受的情形，此時我們會儘可能把手放鬆，避免使用大姆指。有時我們只用到一兩根手指，如果在小幼犬的嘴裡做 TTouch，可用沾濕的棉花棒取代手指。

圖解示範

1. **背部、髖部和大腿** 對於背部疼痛或緊繃，我推薦在脊椎兩側使用力道極輕的浣熊式 TTouch。每日花幾分鐘在髖部以第一級力道施作兩秒的浣熊式 TTouches 可以讓髖關節發育不全的狗狗保持多年健康無礙。有些狗狗發展出保護傷腿的習慣，即使傷口已癒合，利用浣熊式 TTouch 常可重新教導神經系統，在細胞層次釋放疼痛的記憶和預期，並且讓狗狗多多意識到那條腿現在已傷癒，負重是安全的。

2. **下背部及髖部** 老犬在腎臟上方的下背部及髖部可能腫脹硬化，力道非常輕的浣熊式 TTouch 有助該部位的意識並減少腫脹。使用最輕的力道很重要，因為問題的改善並非來自 TTouch 的力道，而是來自提昇的意識和細胞自癒潛能的活化。可以併用浣熊式和臥豹式 TTouch。

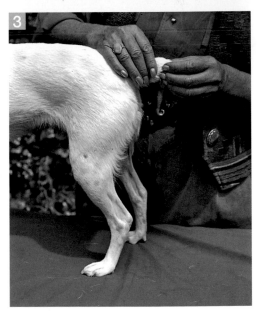

3. **尾巴** 照片裡，我正在狗狗的截尾處施作力道極輕的浣熊式 TTouch。截尾和截肢可能導致一輩子的幻痛（phantom pain），在截尾或截肢處做許多極輕的小小劃圈可以消除這類記憶，並減少缺乏安全感的感受。截尾常極為緊繃，浣熊式 TTouch 可消除緊繃，你也可以輕輕用大姆指扶著尾巴另一側，以其他手指和大姆指與動物建立起連結。

熊式TTouch

浣熊式TTouch和熊式TTouch極相近，差異在於熊式TTouch用到指甲，非常適用於發癢的狗狗或肌肉厚實的狗狗。

方法

以手指的第一指關節直接壓在狗狗皮膚上，劃一又四分之一圈時主要使用指甲。如果是肌肉厚實的部位，以指甲和指尖轉動肌肉之上的皮膚，劃個小圈，把手指併起來做。要有效進行熊式TTouch，你的指甲應該是中等長度，約三至六公釐長。先在自己身上做熊式TTouch，看看你感受到指甲的程度。力道應該在第一級和第四級之間。你可能會想在受到刺激或發癢的身體部位上蓋上塊冷濕的布，再隔著布做熊式TTouch。遇到蟲咬、皮膚過敏的區域或急性濕疹（hot spots）只使用輕微力道（第一至三級）。

Q：
如果狗狗無法維持坐姿或趴姿，該怎麼辦？

讓狗狗保持不動可以穩定狗狗的肩膀或項圈。專心劃出完美的圈圈，並且保持一致
的速度和力道。嘗試幾個逆時鐘方向劃圈，有些狗狗反而覺得比較放鬆；然而，在
牠安定之後應該恢復順時鐘劃圈。動起來可能會讓狗狗安定下來，所以你可能會想
帶牠散一下步或穿越練習場中的迷宮，過程中可以做些 TTouch（見 p.120）。

圖解示範

1 **頭部**　照片裡可以看到我稍微變化熊式
TTouch 的做法。我把手指稍微分開來，
在狗狗頭上同時使用四個手指，使用非常
輕的力道，緩慢進行，所有手指同時律
動，當心不要讓手的重量增加額外的力
道。

2 **肩膀**　遇到肌肉厚實的肩膀時，我會把手
指併起來。熊式 TTouch 可提昇身體意識
和循環。

3 **骨盆**　熊式 TTouch 對於發癢或腫脹部位
可能有幫助。一開始先使用輕柔的第一級
力道，如果狗狗喜歡的話再加重力道。

減少發癢，集中注意

虎式TTouch

虎式TTouch對於舒緩搔癢和急性濕疹極有幫助，也有助於獲得過動狗狗的注意力，並且爲毛髮豐厚、無法感受到其他TTouch手法的狗狗帶來身體意識。虎式TTouch對於提高癱瘓狗狗復健時的身體意識也極爲有效。使用第一級和第二級力道最爲有效。

方法

　　要做虎式TTouch，把手朝下，手指垂直狗狗的身體，以指甲接觸皮膚。手指間隔約一兩公分，用來止癢或擴大施作範圍。對於肌肉厚實的狗狗或大型犬可以增加感覺及意識。大姆指保持不動，以穩定其他手指的動作。如同平常，用另一隻手放在狗狗身上保持連結，用以平衡及維持定位。

圖解示範

如果你的狗狗興奮或躁動，從肩膀開始，以一秒的節奏作三～四次劃圈TTouch，然後把速度放慢，做兩秒的虎式TTouch，劃圈之間用心暫停一點時間，慢慢注入安定感。對於搔癢區域及急性濕疹處，用狗狗能夠接受的輕柔力道作兩秒虎式TTouch。如果急性濕疹處很刺激或有開放傷口，覆上一塊乾淨的布再隔著布做TTouch。

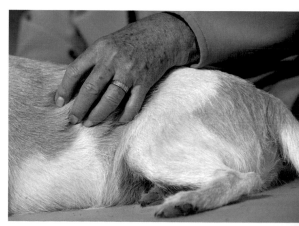

提振精神及放鬆

三頭馬車式TTouch

三頭馬車式TTouch是較新的TTouch手法之一，被視為結合式TTouch。以最輕的第一級力道用指甲進行虎式TTouch是與狗狗連結的不錯方式，我稱這個變化手法為「有趣的TTouch」（Intriguing TTouch）。依結合手法的不同可能會使動物變得精神奕奕或放鬆。可能刺激循環系統或有安定作用。
如果你想練習這個手法，找位朋友試試看。

方法

如果要有放鬆效果，開始時使用熟悉的雲豹式基本劃圈，移動到九點鐘位置時把手指張開劃大弧（好比彈奏豎琴時撥弦的方法），在皮膚上劃四分之三圈，不移動皮膚。由於劃了一個弧，停手時會來到另一個位置，接著在此做下一個三頭馬車式TTouch。結合臥豹式TTouch和三頭馬車式TTouch會有安定的後果，相反地若結合虎式TTouch和三頭馬車式TTouch會讓動物精神為之一振，或者讓牠感到「很有趣」，希望你再多做一些。當你想要「喚醒」動物或想靜靜結束一回TTouch，三頭馬車式TTouch可能效果非凡。

多數狗狗很喜歡三頭馬車式TTouch，但若動物的背部或其他身體部位緊繃或疼痛，我則不建議使用。對於羞怯或緊張的狗狗，使用緩慢輕柔的TTouch或探索「有趣的」虎式TTouch。

圖解示範

背部 從脖子背面開始做三頭馬車式TTouch，沿著脊椎往尾巴做。要獲取興奮或過動狗狗的注意力，一開始時做快一點，然後再放慢做。也可在一回放鬆的TTouch後，利用三頭馬車式TTouch讓狗狗振奮精神。我的狗狗雷伊（Rayne）喜愛力道儘可能輕柔的「有趣虎式TTouch」。

駱馬式TTouch

駱馬式TTouch以手指的指背施作，敏感恐懼的狗狗較不會把手背的碰觸視為威脅，對於這類狗狗先使用駱馬式，一旦牠開始信任你便可使用其他手法。

方法

　　駱馬式TTouch使用手背或指背劃一又四分之一圈，力道永遠很輕，可以只使用指節或整個手。和平常一樣，從六點鐘開始，以一又四分之一圈移動皮膚。

　　駱馬式TTouch也可以使用手掌側面進行，很適合用於初次接觸的陌生或緊張狗狗，這個變化手法也適合手指不靈活的人。

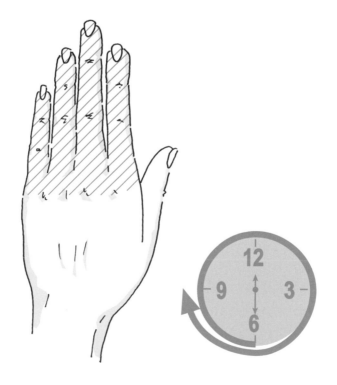

Q：

如果狗狗拒絕 TTouch 怎麼辦？

遇到這類個案，駱馬式 TTouch 通常很適用，許多狗狗害怕「張開的手」會抓住牠，所以初次碰觸害怕的狗狗時最好使用手背，較無威脅性，才能使許多緊張的狗狗接下來容易接受輕柔碰觸。

圖解示範

1-4 **脖子和背部** 照片中我以指背面進行駱馬式 TTouch，同時我把左手放在狗狗背部，沒有做 TTouch。我的接觸力道非常之輕，但足以移動皮膚劃圈。

建立信任

黑猩猩式TTouch

黑猩猩式TTouch近似駱馬式TTouch，也可用於初次接觸狗狗，因為它能促進信任。當狗狗的位置處於不易張開手進行TTouch時，這個手法也很有幫助。

方法

朝著掌心彎曲手指，用第一跟第二指節背面做TTouch。如果在幼犬或體型很小的狗狗身上做，調整手法改用第一指節（如下圖右所示），以指背劃一又四分之一圈，你將注意到使用這個「小黑猩猩式」（baby Chimp）時，手指的靈活度會增加，和動物的連結更輕柔。

先在自己身上試用黑猩猩式TTouch，開始時先使用第三級力道。

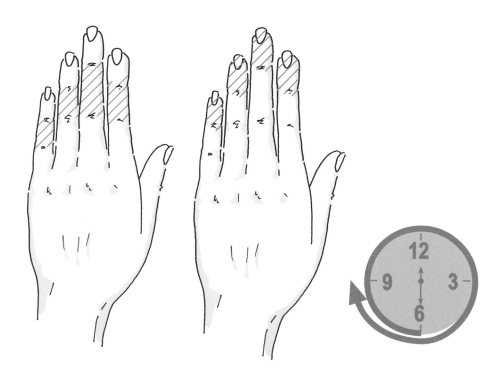

Q：
如果狗狗不喜歡後半身做 TTouch 怎麼辦？

換到另一個位置繼續做 TTouch，並且仔細觀察狗狗的反應，看看牠是否出現「安定訊號」。從脖子開始做，往尾巴方向進行，使用比之前輕很多的力道，並且速度放慢。狗狗後半身可能有疼痛或牠可能害怕，因此建議你先改用另一個 TTouch 手法（例如駱馬式），或者以軟棒小心地滑撫狗狗，也可使用軟棒前端在狗狗的後半身上頭劃小小的圈，直到狗狗感到較自在為止。

圖解示範

1 **頭部到嘴部**　狗狗對於碰觸頭部和嘴部敏感時，黑猩猩式 TTouch 就非常有用。從狗狗的脖子開始做，往頭部和嘴部施作連結起來的黑猩猩式 TTouch。

2 **髖部**　多數感到恐懼的狗狗，背部和後半身都很緊繃，對於張開手的 TTouch 可能會反應激烈。要意識到自己的呼吸，開始做時先以第一級力道，在肩膀上做連結起來的黑猩猩式 TTouch，小心地往髖部方向施作。痠痛部位（例如患有關節炎的髖部）可使用一根手指的黑猩猩式 TTouch，多數狗狗起初會接受它，之後便會喜歡上它。

3 **紅毛猩猩式 TTouch**　紅毛猩猩式 TTouch（Orangutan TTouch）增添了另一個層次的輕柔及意識，結合黑猩猩式和小黑猩猩式，使用第一和第二指節的指背，手指稍彎，手腕和手臂打平。

放鬆及安定

蟒提式TTouch

蟒提式TTouch尤其適用於羞怯、緊繃、過動或缺乏協調的狗狗。恐懼、害怕、緊繃和過動侷限狗狗對自己身體的意識，也侷限牠適當使用身體的能力，蟒提式TTouch有助狗狗更加「貼地踏實」，因而提昇身心情緒的平衡。蟒提式TTouch也可有安撫及放鬆的效果，增加循環和減少緊繃，對於老犬或有疼痛部位的狗狗是很棒的，手溫是這個手法的額外好處。

方法

把手放在狗狗身上攤平，輕柔緩慢地把皮膚和肌肉往上移，動作配合呼吸，暫停個幾秒鐘。以另一隻手抓著項圈或扶住胸口穩住牠。在不改變接觸面積及力道之下，緩慢讓皮膚回到原點，如果你鬆開皮膚的時間是上提時間的兩倍，放鬆效果將更佳。在腿部施作蟒提式TTouch時，每次完成後就向下滑移一～兩公分，直到抵達腳掌。在身體上做蟒提式TTouch時每次移動相同距離，依平行線進行。

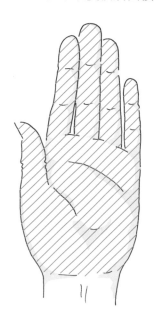

Q：
如果狗狗出現緊迫訊號怎麼辦？

恐懼、攻擊性和過動的狗狗處於緊張狀態，腳掌通常較涼又敏感，結果腳部意識不佳，也變得缺乏安全感。蟒提式 TTouch 讓狗狗感受到自己與地面的連結以及安全感。對於競賽犬和工作犬，蟒提式 TTouch 可以改善表現且減少乳酸堆積，它也能改善敏捷度、靈活度、平衡及步伐的平均。

圖解示範

蟒提式 TTouch 可在肩膀、背部、腹部及腿部進行，照片中示範如何在狗狗腿部施作。

1 **前腿** 從側面接近狗狗，用整個手包圍前腿肘部下方，若是大型犬可使用雙手，小型犬則只使用手指。做完第一個蟒提式 TTouch，把手往下滑後再做一次，如果狗狗可以接受，持續做直到抵達腳掌。

2 **後腿上半部** 雙手攤平包住大腿，雙手大姆指在大腿外側，或者雙手各在大腿內外

側。為安全起見，唯有你很了解狗狗，確定牠在你朝地彎腰下來不會空咬或開咬時才這麼做。對於害怕巨響的狗狗，在這個部位做蟒提式 TTouch 特別有幫助。

3 **後腿下半部** 由於後腿下半部較細，你可以用雙手包住它或只用一隻手。以任何你和狗狗感到最舒適的方式進行蟒提式 TTouch。來到腳掌且完成腿部托提時，從上而下沿著整條腿做諾亞長行式 TTouch。（p.74）

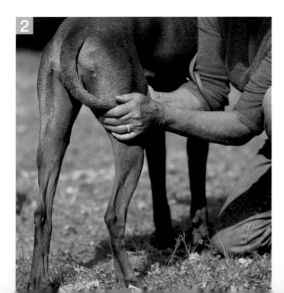

刺激循環和促進深呼吸

盤蟒式TTouch

這個手法結合劃圈式TTouch和蟒提式TTouch，劃圈式TTouch喚醒狗狗的專注力，接下來的蟒提式TTouch鼓勵動物和人都出現更深沉的呼吸，進入放鬆且專心的狀態。

方法

使用TTouch基本劃圈手法（例如臥豹式TTouch），把皮膚依順時鐘方向從六點鐘處開始移一圈，再到九點鐘位置，此時手不離開，而是把皮膚往上提，但不提至緊繃，暫停一下再輕輕把皮膚回到六點鐘位置。

在身體上劃完TTouch圈圈之間，在

毛髮上輕作滑移，然後再做下一次，感受圈圈之間的連結，當你的連結滑移做得越用心，你越能成功讓狗狗感受到平衡、專注和意識，以平行脊椎的直線進行劃圈和滑移，然後沿著腿部依垂直線進行。

進行腿部TTouch時，從腿部上端開始，沿腿做到腳掌。在大型犬腿部做輕柔蟒提式TTouch時，把大姆指放在腿的一側，以其他手指輕輕包住腿部，「托提」後輕輕導引皮膚回到原點，然後往下輕滑兩三公分，再做下一次。在小型犬腿部做時，輕輕用手指的第一指節和大姆指指腹扶住皮膚。腿部盤蟒式TTouch有助安定狗狗、讓牠感到接地踏實，也讓牠專注。

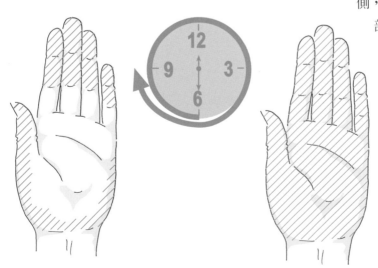

圖解示範

 肩膀　有時以雙手穩定狗狗會有幫助，照片中我示範在右肩做盤蟒式 TTouch，這個與狗狗連結的姿勢加上 TTouch 讓狗狗感到有安全感及平衡感。

2 **前腿**　在小型犬身上做時，調整為只使用兩三根手指，用大姆指協助其他手指托提。

3-4 **後腿**　我在後腿上併用鮑魚式和蟒提式 TTouch，且用另一隻手托住後腿下半部穩定它。我從大腿上端開始做，並且連結起所有的 TTouch，直到腳掌處。

減少敏感度，增加自信及刺激循環

蜘蛛拖犁式TTouch

這個TTouch手法是古蒙古「捲動皮膚」手法的變化型，能釋放恐懼，降低對碰觸的敏感度，並刺激循環，對於碰觸緊張或身體意識不高的狗狗也有幫助。你也可以此提昇狗狗對你的信任，在自己身上或別人身上試用蜘蚣拖犁式，體驗它的放鬆效果。

方法

把雙手併放在狗狗身體上，指尖應該朝著手法行進方向「走」，兩個大姆指朝向側面，輕輕碰在一起。食指同時往前走「一步」，約二～三公分，讓大姆指在後頭跟著移動，像犁一樣，大姆指前的皮膚將被稍微捲起，接下來用中指走一步，用食指和中指輪流一步步走，同時拖著大姆指走。這些應該都是平穩流暢的動作，在狗狗背部的不同部位，依從頭至尾的方向走幾條平行脊椎的「直線」，在直線盡頭讓指頭繼續「走到空中」，這樣做會有不錯的持續作用，狗狗會很喜歡。

要安定狗狗，慢慢從肩膀做到尾巴；若要刺激牠，就把速度加快並逆著毛做。

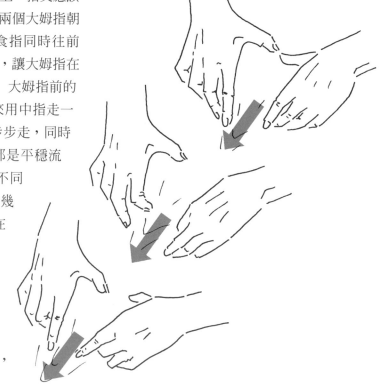

圖解示範

①-⑤ **從背部做到頭部**　把手放在脊椎兩側，如果狗狗擔心身體後半部被人碰觸，從肩膀開始，慢慢朝著尾巴方向做過去，照片示範由尾巴往頭方向的蜘蛛拖犁式TTouch，可刺激狗狗的循環。

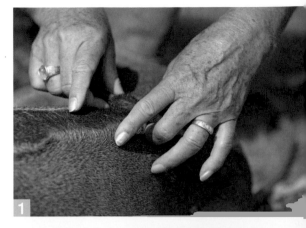

放鬆、安定和刺激

毛髮滑撫

毛髮滑撫是與狗狗建立連結的絕佳方式，因為對人犬都有放鬆效果。所提供的美好經驗對於害怕美容的狗狗很有幫助，髮根連結著神經系統，所以極適用於患有神經問題的狗狗。

方法

　　用大姆指和食指抓一撮毛髮，或把手攤平，以指間穿過毛髮，輕輕從髮根滑至髮梢。一次的滑撫可以在指間滑過很多毛髮。把手打開，手指稍微分開，插入毛髮間後把手指拼攏，再從髮根輕柔地把手掌轉九十度，滑撫到髮梢。

　　盡可能從接近髮根的地方開始做，並且順著毛髮生長方向，如果你緩慢輕柔地進行毛髮滑撫，將大幅提昇你和狗狗的關係，你將發現不只會讓狗狗放鬆，也會讓你放鬆。

圖解示範

1 **頭部**　多數狗狗喜歡頭部做緩慢溫柔的毛髮滑撫，可安定緊張或害怕的狗狗，並且建立關係。毛髮滑撫對於不斷吠叫或哀鳴的狗狗也有幫助，用一隻手扶住狗狗嘴管下方可以穩定牠的頭部。

2 **肩膀**　會暴衝的狗是過動、緊張或容易興

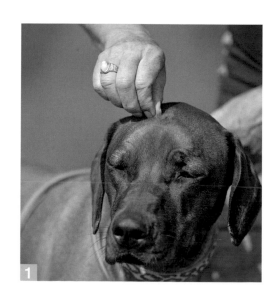

奮，而且肩膀通常很緊繃。試試用毛髮滑撫讓肩膀放鬆，用攤平手掌指間進行大範圍毛髮滑撫可以帶來深層放鬆，以另一隻手支持對側肩膀。若是毛長的狗狗，把手指分開，往上方滑撫毛髮。

3-4 **背部**　對於無法輕易接受其他 TTouch 手法的狗狗，毛髮滑撫可能是牠會喜歡的 TTouch 入門手法，在狗狗背部以溫柔關愛的方式進行毛髮滑撫可產生更多的背部意識和柔軟度。背部的大範圍部位可以用手，較小部位則使用手指。

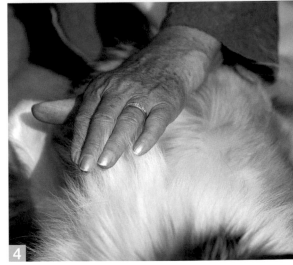

提高對身體的意識

牛舌舔舔式TTouch

牛舌舔舔式TTouch是一種滑撫式TTouch，這個輕柔滑撫毛髮的動作從肩膀到背部、從腹部中線到脊椎，可以改善狗狗的柔軟度和動作流暢度，特別適用於要改善擺杆動作、跨欄及轉彎的敏捷犬，及服從課程裡要改善平衡和柔軟度的狗狗。在運動表現後使用牛舌舔舔式TTouch可恢復身體活力。這個手法可提昇循環並改善狗狗的身體意識。

方法

進行牛舌舔舔式TTouch時，把手掌攤平做具有放鬆作用，若把手指彎曲做則具有刺激作用。從肩膀開始做，把彎曲的手指稍微分開，滑撫至背部上端，然後從腹部中線滑到背部。每次滑撫的起點都間隔幾公分，直到做到狗狗的後半身，結束時輕輕滑撫至尾巴末端。這個具有安撫作用的手法可改善狗狗的健康和平衡。

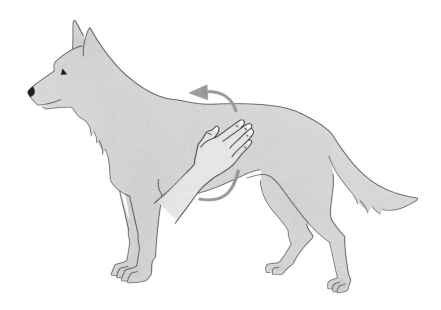

Q：
如果狗狗躁動不安怎麼辦？

確保自己的雙手柔軟放鬆，服貼狗狗身體，也要保持安靜規律的呼吸，把手攤平，腦中保持「正向的畫面」。

圖解示範

1-4 肩膀到脊椎 我從肩膀開始，輕輕滑撫過毛髮，手指保持稍微分開和稍彎，然後繼續沿著狗狗側面來到脊椎。我的手指保持放鬆才能流暢滑撫，穿過狗狗的毛髮，每次滑撫的路徑間隔約幾公分。

諾亞長行式TTouch

它是滑撫式TTouch之一，我們常用它來結束一回的TTouch。劃圈式TTouch喚醒身體不同部位的意識，而諾亞長行式TTouch滑撫則把整個身體連結起來，並且整合劃圈式TTouch的效果。

方法

手輕輕放在狗狗身上，從頭部到背部到後半身，不順地滑撫，狗狗趴著（如p.75照片）或站著都可以進行這個手法。

多數狗狗較喜歡以輕輕的力道進行這個手法。

74

Q：
如果狗狗一直動來動去怎麼辦？

你可能力道太重或屏住氣了，如果狗狗對於後半身被人碰觸會緊張，起初只要在牠感覺安全的部位做就好。要有耐心，把狗狗能接受碰觸的區域連結起來，進行幾回 TTouch 後，當牠信任被人碰觸時再擴展區域。

圖解示範

1 **肩膀**　我把手放軟，從肩膀開始，沿著背部把手滑撫到髖部，照片中的梗犬處於放鬆，但依然聆聽著，並且享受著手法。

2-4 **身體**　這個姿勢也可以做。我正用心覺察地以手進行滑撫，沿著狗狗背部來到髖部，我的手指稍微分開，同時確保維持著梗犬喜歡的碰觸方式。狗狗站著也可以這麼做。

獲得狗狗的注意力，使牠安定或激發

Z字形TTouch

Z字形TTouch用於初次碰觸、感到緊張或過動狗狗的注意力很有幫助，緩慢進行時有安定效果，加快速度進行時有刺激或激發效果。Z字形TTouch把身體的不同部位連結起來。進行時應該帶有韻律感。

方法

Z字形TTouch的名字暗示了它的移動方式。把手指分開，沿著不斷以五度改變方向的Z字形曲線移動並且穿過毛髮。把手腕打直，手指張開放鬆，如果狗狗躁動，起初幾次Z字形TTouch稍微做快一點，然後再放慢速度。

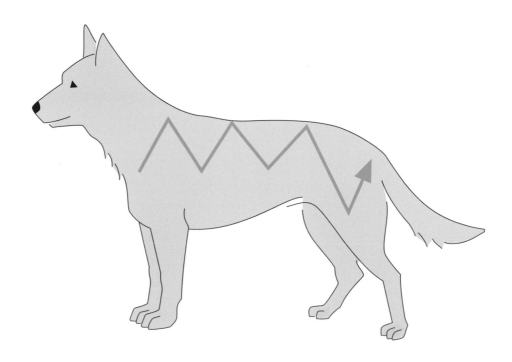

圖解示範

⓵-⓸ 到身體上端 從肩膀開始做 Z 字形 TTouch，手指分開，沿著與脊椎成斜角的路線往上移動，然後，併攏手指，再以斜角沿肋骨滑下，繼續做 Z 字形滑撫動作到狗狗後半身。當狗狗緊張，在你站著或坐著的狗狗同側進行 Z 字形 TTouch，不要越過狗狗身體。

Q：

如果是老犬怎麼辦？

Z 字形 TTouch 最適合用來激發老犬或身體僵硬的狗狗。在狗狗身體兩側進行多次 Z 字形 TTouch，從不同的起點開始做，可以接觸到身體的最多部位。

安定作用

毛蟲式 TTouch

毛蟲式 TTouch 以雙手進行，對於紓解肩膀、頸部和背部緊繃非常有效，特別適用於恐懼或緊張的動物。它是因爲毛蟲移動的方式而起名。

方法

　　雙手放在狗狗背部，相距約五至十公分，輕輕推動雙手（雙手推近），暫停一下再讓皮膚回到原位。若要促進放鬆效果，確保讓皮膚放回原位的時間約爲雙手內推時間的兩倍，在狗狗背部的不同位置

做毛蟲式 TTouch，確保深呼吸可獲得更放鬆的效果：兩手內推時吸氣，暫停動作時開始吐氣，釋放皮膚回到原位時即結束吐氣。

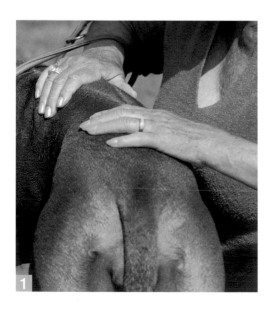
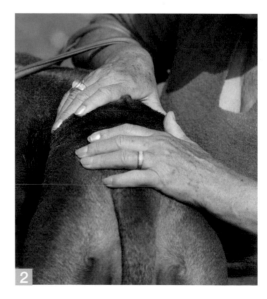

圖解示範

[1]-[2]　我在這隻羅得西亞背脊犬背上做 TTouch。左邊照片顯示我的手在原點位置，輕輕放在牠背部，沒有任何下壓的力道。然後我再把雙手內推，移動下方的皮膚，右邊照片顯示我的雙手靠得多近，你可看出來，雙手之間的狗狗皮膚出現皺摺。

[3]-[6]　這隻梗犬處於放鬆狀態，很喜歡背部做毛蟲式 TTouch。我從脖子開始做，直到靠近尾巴處結束，讓牠對自己的身體架構產生新的愉悅感受。重要的是，不可把手和手臂的重量枕在狗狗身上，不應該有下壓的力道。花些時間做毛蟲式 TTouch，它將成為你家狗狗的最愛。

釋放壓力、緊繃和腹絞痛

腹部托提

腹部托提協助狗狗放鬆腹部肌肉，進而有助舒緩腹絞痛及深層呼吸。當狗狗過動、害怕、表現攻擊性、緊張、懷孕、消化不良、有腿部關節炎、背部問題或起身困難時尤其有用。注意：有椎間盤問題的狗狗不可使用腹部托提。

方法

腹部托提可以不同方法進行，使用雙手、毛巾或彈性繃帶，如照片所示。無論使用什麼方法，緩慢進行很重要。

舉例來說，你可以運用蟒提式TTouch 的相同技巧，溫柔支持托提狗狗腹部，暫停一下再放回原位。托提時可以吐氣或吸氣，暫停一下，在回到原位時緩緩吐氣。如果你使用繃帶，持續往下移動，直到繃帶變鬆，垂在狗狗腹部下方。若要獲得預期的效果，緩慢回到原位非常重要，它也將成為狗狗最喜愛的托提部分。從前腿肘部後方的腹部開始持續托提，每完成一次就往後半身方向移動一點。自己身體保持放鬆舒適可改善腹部托提的品質。

圖解示範

①-② **使用單手** 把左手放在狗狗腹部下方，右手在牠背上，左手往脊椎方向上托施力，但不至讓狗狗不舒服。保持這個姿勢，然後緩緩把左手移離腹部。記得緩慢回到原位非常重要。

③-④ **使用彈性繃帶** 照片中我示範如何使用繃帶，這隻脊背犬的姿勢顯示牠的不確定感，我從胸腔開始做，把繃帶穿過前腿之間，這樣繃帶一邊貼著右肩之前的前胸，另一邊則貼在左肩後方的胸腔。第四張照片顯示狗狗開始放鬆，把頭放低，尾巴末端也開始放鬆。

個案史
比利時狼犬香妮，約五歲大，髖部無力

我姐姐羅蘋的狗狗香妮髖部無力，後腿也非常直，從地面起身對牠來說很不容易。X 光顯示牠關節有鈣沉積，為了讓疼痛減到最低，香妮避免以後腿承重，結果導致背部緊繃。羅蘋協助牠放鬆肌肉的方法是經常用手巾托提香妮的後腿，她把毛巾穿過後腿之間，讓狗狗的髖部減少負重，有如腹部托提般進行。羅蘋在兩邊都做，放鬆了狗狗的肌肉也減緩疼痛。當然，這個 TTouch 手法不能取代獸醫醫療，但你可以用來協助狗狗並減少疼痛。

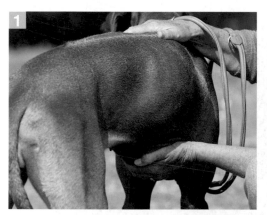

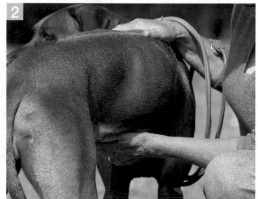

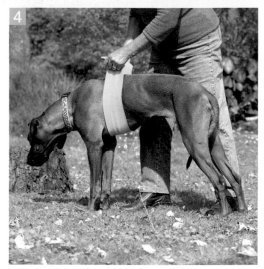

影響情緒和學習能力

嘴部TTouch

嘴部 TTouch 發展信任感及專注，也發展出驚人的學習意願，因為這個部位連結至腦部主控情緒的邊緣系統，所以嘴部的 TTouch 極為重要。這麼做對每隻狗狗都很好，尤其對於注意力渙散、不理會主人、過動、長期吠叫或抗拒的狗狗，嘴部 TTouch 可以改變牠們的態度及行為。對於清潔牙齒、獸醫診療及必須接受裁判檢視嘴巴的狗展犬，嘴部 TTouch 也是很棒的準備工作。它用來改變攻擊性犬隻的行為非常有效，但唯有經驗豐富、能處理攻擊性犬隻的訓犬師或 TTouch 療癒師才可這麼做。

方法

　　先從頸部和頭部開始做臥豹式 TTouch，然後移動到嘴唇外圍。當狗狗把下巴枕在你另一隻手上，以手指在嘴唇下方滑撫，並且在牙齦上輕柔做浣熊式 TTouch。如果狗狗躁動不安或出現抗拒，你可能必須回到身體上做，從肩膀到尾巴利用各式不同的手法發展出信任關係，然後再回到頭部。嘴部 TTouch 需要有耐性和毅力，或許需要做幾回 TTouch 之後才能成功，但它的成果非常值得努力。

圖解示範

①-② **躺著**　開始時先在嘴管上做很輕的臥豹式 TTouch，當狗狗對這個手法感到舒服，輕輕撥開狗狗嘴唇，在牙齦上輕柔做浣熊式 TTouch，手保持放鬆柔軟，確保狗狗處於放鬆再進展下去。

③-⑤ **坐著**　有時讓狗狗坐著比較容易開始進行嘴部。注意：我以右手在嘴巴外圍進行臥豹式 TTouch 的同時，以左手支持著牠的下巴。當狗狗能夠接受，在鼻子上端輕輕做浣熊式 TTouch，並且撥開上唇，在上牙齦做 TTouch。要有耐性，一步一步依據狗狗能接受的程度做。你也可以把托住下巴的手往前延伸，以手臂稍微穩定狗狗的脖子，再用另一隻手的手指輕輕撥開上唇。

Q：
如果狗狗對於嘴巴被碰會緊張怎麼辦？

如果你開始做嘴部 TTouch，狗狗變得躁動不安，檢查牠的牙齒和牙齦，如果狗狗有牙垢（牙齒褐斑）或牙齦紅腫發炎，帶牠去看獸醫。如果牙齦和牙齒看來健康，檢查嘴巴是否乾燥；如果嘴巴乾乾的，把手指沾濕再試一次。嘴部 TTouch 讓你經常有檢查狗狗嘴巴和牙齦的好機會。

使安定專注、減少疼痛、防止休克

耳朵TTouch

如果想要興奮或過動的狗狗安定下來、或者讓過度冷靜或精神不振的狗狗、或競賽或工作後疲累的狗狗振奮精神，耳朵TTouch是最有效的手法之一。已有數以千計的個案用它預防受傷後出現休克或減少休克嚴重度，耳朵TTouch對於所有的腸胃疾病（例如噁心想吐、便祕或下痢）可能有極大幫助，但一定必須配合獸醫診療。耳朵TTouch激發邊緣系統，影響情緒，也影響所有重要的生理機能，可平衡免疫系統，並且支持身體自癒能力。

方法

以一隻手穩定狗狗頭部，用另一隻手的大姆指和手指握住對側的耳朵，大姆指在上方，想撫摸另一耳朵時再換手。輕輕用大姆指滑撫耳朵，從頭部中央撫至耳朵基部，再撫至耳尖。每次滑撫耳朵的不同區域，讓整個耳朵的每吋皮膚都獲得滑撫。如果狗狗是垂耳，輕輕扶起耳朵，讓它與地面平行。如果狗狗是豎耳，滑撫方向則往上。

針灸成效研究顯示，耳朵滑撫影響全身：三焦經行經耳朵基部，對於呼吸、消化和生殖都有影響。

圖解示範

⑴-⑶ **滑撫** 要讓垂耳的狗狗放鬆，從頭中央開始滑撫，來到耳朵基部再到耳尖，往狗狗的側面方向移動。用大姆指和其他指頭包圍耳朵很輕地滑撫，以另一隻手支持牠的頭。

⑷-⑸ **劃圈式 TTouch** 你也可用大姆指在耳朵上做劃圈 TTouch。讓耳朵和地面平行，沿耳朵邊緣劃圈，直到來到耳尖，然後依平行線在整個耳朵上進行劃圈 TTouch。

Q：
如果狗狗有厚重垂耳，怎麼辦？

遇到厚重垂耳，往狗狗的側面方向滑撫耳朵，如此就不會往下拉扯耳朵基部，導致牠不舒服甚或疼痛。

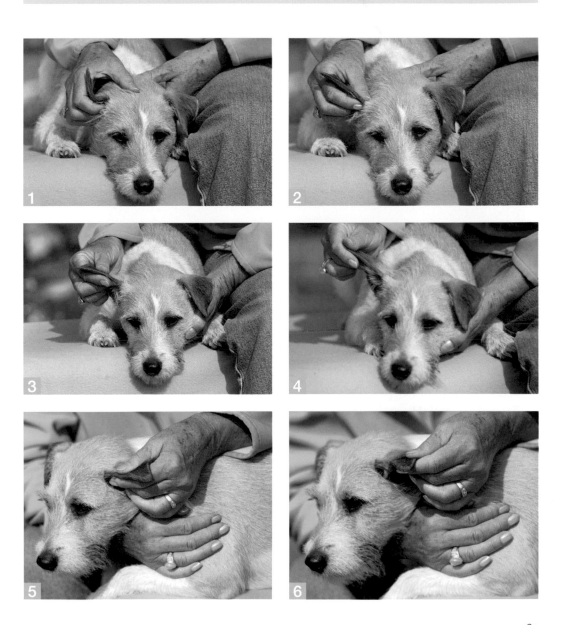

改善平衡和步伐

前腿腿部繞圈TTouch

前腿繞圈提昇狗狗的身心情緒平衡。這個動作釋放狗狗頸部和肩膀緊繃的肌肉，也讓牠與地面連結時更有安全感。用它改善競賽犬或工作犬的步伐速度和跨步方式很有用，對於羞怯的狗狗、對巨響、其他狗狗或陌生人激動反應的狗狗、對新環境缺乏安全感的狗狗或謹慎行走滑溜地面的狗狗也很有幫助。

方法

你可在狗狗站著、坐著或躺著時做前腿繞圈。

不可強制進行動作，你要做的是在牠沒有抗拒之下能夠抬起牠的前腿，如果很難做到就改變牠的姿勢。從任何最容易做到的姿勢開始做，重點是改善平衡，在不伸展前腿的情況下，釋放緊繃壓力。以繞小圈的方式探索前腿的活動範圍，如果狗狗試圖把腳抽走，把腳掌往腿的方向彎折，或輕輕順著牠抽腳的方向移動。

你可能會發現移動某隻腳可能比另一隻腳容易，這種差異可能因緊繃、不平衡或舊傷導致，在腿部或肩膀上施作其他TTouch手法可改善這情形。

Q：

如果狗狗無法放鬆腿部，怎麼辦？

如果狗狗對於碰腳或剪趾甲敏感，一開始可能會抗拒腿部繞圈。先在肘部至腳掌之間的腿部進行蟒提式 TTouch，在腳掌肉墊上做浣熊式 TTouch，如圖及照片所示，以另一隻手放在肘部或肩膀上支持牠的身體。要有耐性，注意自己的呼吸和姿勢，確保自己姿勢舒適。

圖解示範

[1]-[2] **站著** 以一隻手支持狗狗的肘部，另一手輕輕抓著腕關節（譯註：不是膝關節，因為是前腳）下部，扶著肘部的同時把前腿往前移動，然後往後方移動前腿時輕柔引導肩膀移動。要朝著地面方向繞圈，以手抓著腳掌，開始時扶住肩膀，讓狗狗保持平衡。避免為了達到最大動作而推動或伸展前腿。

[3] **坐著** 你可在狗狗坐著時施作相同動作，我用左手支持牠對側的肩膀。

[4] **躺著** 放鬆側躺的狗狗也可以做腿部繞圈，以你的另一隻手支持牠的肩膀。

改善平衡和協調

後腿腿部繞圈TTouch

後腿的腿部繞圈TTouch可增加狗狗的自信。身體可動的範圍及動作的幅度教導狗狗以新的方式使用自己的身體。工作犬和競賽犬可因此增加身體意識，也學習更有效地使用身體。後腿繞圈TTouch法也可放鬆肌肉，範圍直至背部，有助安定身體緊繃、緊張或害怕巨響的狗狗。不可對老犬、患有關節炎或髖關節發育不全的狗狗使用後腿腿部繞圈TTouch。

方法

　　可在狗狗站立或躺下時進行。站姿最適於增進平衡，趴姿適於增加肢體可動範圍。中小型犬在桌上進行較為容易。狗狗站立時，若想提供大型犬支持，用一隻手扶住膝關節，另一隻用來把腳抬離地面的手則抓著踝關節下部。如果狗狗平衡良好，用來支持的手可放在胸部。以狗狗最容易平衡的高度繞小圈圈，而且順時鐘或逆時鐘方向都繞圈，往前或往後移動都只在能輕易做到的範圍內進行。

圖解示範

1-4 **趴著** 以一隻手托著膝關節，另一手抓著踝部，輕柔把整條腿從髖部到腳掌一起移動繞圈。當腿部放鬆，把手滑到踝關節之下，托著腳掌。狗狗的後腿向後伸展時，狗狗應該會和照片中梗犬同樣地放鬆，圖 4 狗狗的膝關節以順時鐘和逆時鐘方向劃圈。

5 **站著** 繞小圈以讓狗狗容易平衡，而且也感覺不到任何抗拒。確保繞圈要繞圓，動作流暢。一手扶在小型犬胸口有助保持平衡，若是大型犬，支持胸部下側可能較為有效。

Q：
如果狗狗跛腳或袒護某隻腳，怎麼辦？

讓狗狗趴著，小心進行腿部繞圈 TTouch，只繞極小的圈圈，這麼做有助術後腿部復健。即使傷口癒合，疼痛的記憶依然留存，袒護那條腿成為習慣。先以較穩定的那條腿作輕柔繞圈可帶來自信感受，讓狗狗重新使用那隻腿。

協助克服恐懼及缺乏安全感

腳掌 TTouch

最適用於以下狗狗：
- 恐懼、有攻擊性、踩地無法踏實或過動的
- 對聲響（尤其雷聲）敏感
- 碰觸腳掌感到不自在
- 抗拒剪趾甲
- 害怕行走於「特殊」的表面，例如光滑地板

方法

你的狗狗可以坐著、躺著或站著。做些最能讓牠放鬆的 TTouch 手法。從腿部上端開始，往下做雲豹式 TTouch，直到腳掌。如果你的狗狗擔心腿或腳被人碰觸，改變你的 TTouch 手法或回到牠信任你也對你有信心的地方做。當狗狗特別抗拒，短暫休息可能很有用。在腳掌上

輕柔做臥豹式 TTouch，做遍整個腳掌。如果碰到肉墊間時狗狗感到搔癢，在這些區域使用較輕力道，並使用紅毛猩猩式 TTouch（p.61）。如果肉墊間的毛髮很長，牠可能會感到特別癢，所以在剪趾甲之前先修短趾間毛。（p.93「剪趾甲」）。

1 2

圖解示範

① - ④ **從腿部至腳掌** 從腿部開始進行連結起來的 TTouch，直到腳掌。

⑤ - ⑥ **腳掌上** 我在傑克羅素梗犬的腳掌上做連結起來的雲豹式 TTouch，牠放鬆側躺著。當你的狗狗接受腳掌 TTouch 時能夠這麼舒適待著，剪趾甲將輕而易舉！

Q：

如果接近狗狗的腳掌，牠就把腳抽走，怎麼辦？

使用柔軟的羊皮，沿著狗狗腿部，從上而下進行連結起來的 TTouch。你也可使用羽毛或水彩筆，增添不同觸感。下一步是用狗狗自己的腳掌去碰另一隻腳掌（p.92），你也可提供狗狗一些零食讓牠有更愉悅的經驗。

減少敏感度

利用腳掌做TTouch

乍看之下，利用狗狗自己的腳掌進行TTouch的想法似乎很奇怪，尤其因為腳掌碰得到的身體範圍並不是很大，但是這個做法的目的是減少腳掌敏感度，並讓狗狗有安全感，以便未來能夠經常幫牠在腳掌進行TTouch。試試看，你可能會對它的後果感到意外。

方法

　　腿部 TTouch　我把狗狗左腳掌放在右腿上，以腳掌在腿上劃了幾個圈，為了保護狗狗的關節，讓牠保持腿部的放

鬆及自在很重要。在狗狗感到舒適的情況下，我引導左腳掌沿著右前腿往下做TTouch；牠處於放鬆並專注。

無壓力的做法

剪趾甲

如果狗狗日常生活裡無法磨掉趾甲，定期修剪趾甲便很重要。指甲太長對狗狗的姿勢可能有不良影響：與其以整個腳掌承重，牠將把重量轉移至腳墊後部，這種不自然的姿勢可能導致全身產生酸痛及緊繃。

方法

　　除了少數例外，趾甲應該剪短到你不會聽到狗狗趾甲敲在硬質地板上的聲音，然而，小心不要把趾甲剪得過短。遇到難剪的狗狗，你可能需要另一人幫忙。每次只剪幾個趾甲，而且常常有中場休息時間。許多狗狗對於電動磨甲器較不似對趾甲刀般抗拒，而且感覺站著時把前腳腳掌往後彎折起來較為舒服。讓狗狗選擇牠較舒適的姿勢（站姿、坐姿或躺著）。

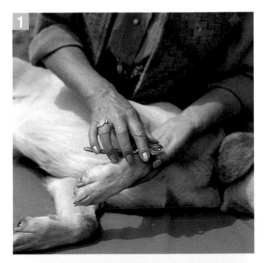

圖解示範

1. **用趾甲刀做 TTouch**　要讓狗狗習慣趾甲刀且信任你，使用這個工具在狗狗的腿上做劃圈式 ttouch。

2. **剪趾甲**　剪趾甲時小心謹慎很重要，也要確保自己使用趾甲刀時，另一隻沒拿趾甲刀的手不會太過用力捏擠腳掌。

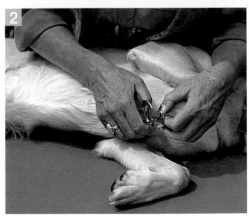

減少恐懼及攻擊行為，注入自信

尾巴TTouch

利用尾巴TTouch，你可協助狗狗克服恐懼和膽怯（包括害怕雷聲或煙火之類的巨響），對其他狗會激動反應的狗狗也有幫助。此外在受傷或手術之後，除了獸醫醫療，尾巴TTouch也可能舒緩疼痛，促進康復。

方法

狗狗的尾巴可能有許多不同意義。如果牠放鬆地搖動尾巴，牠處於安定狀態；緊張、過動或缺乏安全感的狗狗可能不斷快速搖著尾巴。當狗狗的尾巴僵直不動，豎得高高的，這顯示牠的強勢或攻擊性，而夾著尾巴的狗狗顯示牠的害怕順服，無論尾巴位置為何，你都能改變它而影響狗狗的行為。

先從尾巴基部四週開始做臥豹式TTouch，接著沿著整條尾巴做涼熊式TTouch或毛髮滑撫，讓狗狗放鬆並建立信任。當狗狗尾巴緊繃，在它貼著後腿內側時以手同時包著後腿和尾巴做些ttouch，或者以手背沿著尾巴下側滑過，避免讓牠感覺被抓住了。

尾巴繞圈有助釋放尾巴基部的緊繃。抓著靠近基部的尾巴部位，手部放鬆，稍微張開，避免抓緊尾巴。另一隻支持身體的手放在覺得舒服的地方（腹部下方或胸口），輕輕輔助尾巴劃小圈圈，順逆時鐘方向都做。

抓著尾巴基部，輕柔緩慢地把它伸展，然後暫停一下，再用更慢的速度緩慢釋放。放回原位的同時你的手可以輕輕順著尾巴滑下。監測自己的呼吸，伸展尾巴時吸氣，釋放時吐氣。

圖解示範

1. **TTouch 之前** 妮娜沒有安全感，所以牠夾著尾巴。為了獲得牠的信任，我從牠大腿和臀部開始做三頭馬車式 TTouch。

2-4. **改變尾巴位置** 我用右手穩定狗狗，以左手幫牠的尾巴脫離夾著的位置，我小心地托高尾巴，改變狗狗的姿勢，然後我把手沿著尾巴滑下一小段距離，再輕輕地於尾巴上下移動，稍後我將以順逆時鐘方向幫尾巴做劃圈動作。

5. **伸展尾巴** 我輕輕拉住尾巴，停住再緩慢釋放，讓脊椎放鬆，並且讓狗狗對身體出現新感受，妮娜的尾巴現在放鬆了，走動時會自然擺動。

泰林頓TTouch訓練輔具

我們使用特殊輔具協助狗狗找回平衡,不只是身體平衡,還有心理和情緒平衡。犬界每年都有新發明的輔具,我們總是爲狗狗和飼主不斷找尋最佳的解決辦法,本章介紹輔具的說明及建議。

我們為什麼使用這些輔具?

　　教導狗狗散步時不暴衝扯繩的重點在於狗狗及飼主的平衡，許多行為和生理問題因暴衝而發展出來，許多收容所的狗狗也因這個行為而無人認養。

　　要教導狗狗以平衡方式散步不暴衝，泰林頓 TTouch 系統非常有效；利用特殊的牽繩搭配方式在令人驚奇的短時間內就能教會狗狗以平衡方式散步，不必使用暴力或強勢。

讓狗狗恢復平衡

　　暴衝是被許多飼主忽略的常見問題，因為他們不知如何應付，也沒有理解到，暴衝施予頸椎、背椎、骹骨（Pasterns）、肩膀、髖部和膝蓋的壓力可能導致生理傷害。

　　我們有多種工具可讓狗狗恢復平衡，停止暴衝：

● 胸背帶（TTouch 胸背帶和自由牌胸背帶）
● 平衡牽繩
● 平衡牽繩加強版
● 超級平衡牽繩

　　當牽繩一直有拉力，狗狗會暴衝得更厲害，可能導致牽繩另一端的人受傷。小型犬暴衝常遭忽略，因為牠們的力道不足以對多數人造成困擾，但是小型犬身體承受的壓力完全不亞於最大型的狗。

　　為了協助狗狗找到平衡，使用「平衡牽繩」、「平衡牽繩加強版」或胸背帶，

全力暴衝的強壯狗狗對於頸椎施予極大壓力，四肢關節承受壓力，而且牠的呼吸也受限。

這是平衡牽繩加強版，讓你可以很快使狗狗恢復平衡，停止暴衝。

胸背帶協助狗狗身體保持筆直，不再轉圈圈、以後腳站立起來或退後。

並且以雙手抓持牽繩。

　　要改變不喜見的行為，泰林頓系統的輔具包含許多不同選項，例如以頭頸圈搭配普通項圈或胸背帶、身體包裹法、安定背心、T恤及其他許多種，隨後將詳盡介紹。我們也使用軟棒，它是硬質馬鞭，罕見於傳統訓犬（見 p.14 上圖）。利用軟棒碰觸緊張狗狗的全身可以讓牠安定下來，

用它滑撫狗狗的腳可使牠安定，讓牠專注。

　　我們把馬匹的軟棒使用經驗用於狗狗，在許多情況之下它是非常有用的工具，如前章所述，不願被人碰觸的狗狗常較能接受軟棒滑撫；以軟棒作為手臂的延伸，用來指引狗狗往哪個方向行進也較為容易。

穿越進階學習遊戲場裡的不同障礙，讓狗狗超越本能行為，變得更能適應新情境，過動狗狗變得安定踏實，怕生或恐懼的狗狗發展出信心，激動狗狗學習到自制，以思考取代直接反應，並且在人犬之間建立起合作態度和情感鍵結。

輔具

　　泰林頓 TTouch 系統的特殊輔具如下：

- **普通項圈**：適用於所有狗狗的泰林頓 TTouch 基本工具，我們以普通項圈代替 P 字鏈、收縮鏈或環刺項圈。
- **胸背帶**：狗用的胸背帶（p.105）
- **身體包裹法**：包括一或兩條彈性繃帶，寬五公分或七點六公分。市面上買得到

各種尺寸的繃帶，選擇適合你家狗狗的尺寸（p.108）。
- **軟棒**：約一公尺長的硬挺馬鞭，確保軟棒不會卡在狗毛裡，它應該表面平滑（見 p.14 上圖）。

安全為先

- 黃金要則：只進行短短時間，讓狗狗有充足時間消化學習到的東西，不會因接收過多資訊而承受壓力。
- 每次只進展一步，逐漸提昇期待，也要經常給狗狗休息時間。
- 使用進階學習遊戲場時，記得要讓狗狗慢慢走，緩慢步伐可促進學習。
- 你的教學越變化多端，狗狗適應不同環境的能力將變得越佳，心智彈性也越好。通過每項障礙時要轉換穿越方向，從狗狗的左側或右側都要練習帶領。
- 大方運用稱讚、TTouch 及開心的聲音，有時也可使用零食。
- 學習狗狗的肢體語言和「安定訊號」，觀察牠的姿勢和表情來了解牠的感受。
- 遇到不熟悉、恐懼或攻擊性犬隻時要非常謹慎，不可對於牠們施加過多壓力，牠們可能會出現低吼或開咬的反應，如果你不是受過訓練的專業人士，不要處理攻擊性犬隻。
- 不可盯視緊張或攻擊性犬隻的眼睛，許多狗狗視此為威脅。如果想和狗狗打招呼、幫牠進行身體包裹法，從狗狗側面接近最為安全。

自由牌胸背帶：可以把牽繩單扣於肩上扣環，或者同時扣於胸前及肩上扣環，抓持著把手，採兩點牽引。

小型犬暴衝問題常遭忽略，但是請記得重要的是，讓牠暴衝可能對牠造成傷害。照片中胸背帶的兩個牽繩接觸點可抑制暴衝，而且對多數狗狗來說，胸背帶比項圈來得舒服。

「身體包裹法」提供包覆感和支持感，可安定無法專注、過動或害怕巨響的狗狗，也讓羞怯的狗狗獲得信心，讓老犬獲得穩定感。

帶領狗狗的簡單方法

平衡牽繩

要使用平衡牽繩，把一般牽繩調整至橫越狗狗胸前的位置，行走時人的身體和狗狗的頭部對齊，身體稍微朝向狗狗，雙手以大姆指和食指捏住牽繩。如果狗狗暴衝，利用往上提的訊號讓牠的重心回歸，再放鬆牽繩。當你這麼做，狗狗能自己找到四腳落地的平衡，也較能夠回應你的訊號。

方法

　　牽繩應該至少有兩公尺長，像平常一樣把牽繩扣在項圈上，再往狗狗胸前繞一圈，雙手各自抓住這一圈牽繩的兩端（見下圖）。使用雙手作兩點接觸是成功祕訣。若要狗狗放慢腳步或停步，重新平衡狗狗的方法是，以手指在牽繩上作兩三次輕輕「詢問再放鬆」的微妙動作，目的是讓狗狗不要重心前傾，把重心平均分散在四隻腳上。第二個祕訣是，確保連接至項圈的牽繩保持鬆繩狀態，檢查連接處的牽繩扣頭，它應該呈現晃動且水平的狀態。

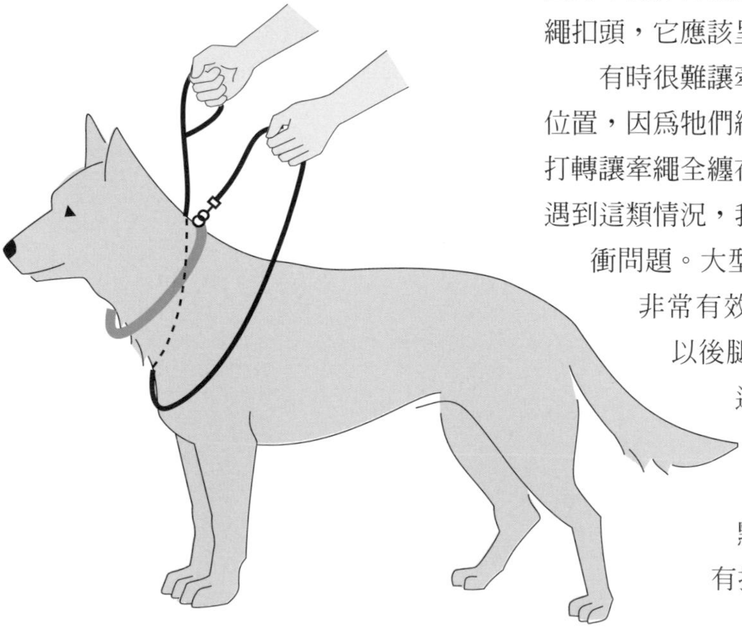

　　有時很難讓牽繩固定在小型犬的胸口位置，因為牠們經常會用前腳跨越牽繩、打轉讓牽繩全纏在一起或退出牽繩範圍，遇到這類情況，我們推薦以胸背帶解決暴衝問題。大型犬種使用平衡牽繩可能非常有效，除了會打轉、撲跳、以後腿站立的狗狗例外。遇到這類情形，我們推薦使用平衡牽繩加強版、超級平衡牽繩、可作兩點連結的胸背帶或胸前有扣環的胸背帶。

有效帶領

平衡牽繩加強版

如果你只有普通項圈和牽繩，狗狗突然因爲看見貓或另一隻狗而開始暴衝，這時你可以瞬間把普通項圈或胸背帶變成平衡牽繩加強版，防止狗狗暴衝，讓人犬都恢復平衡。

方法

人站在狗狗右側，位置與項圈對齊，左手沿著牽繩，往項圈上的扣頭方向下滑；右手抓住牽繩末端，把牽繩垂到狗狗左前腿肘部後方的地面上，要狗狗只用左前腳跨過牽繩，再把牽繩往上提至碰到狗狗胸骨，把牽繩末端穿入項圈，由下往上拉起來（見照片）。

當狗狗暴衝，確保連結項圈的牽繩端保持放鬆，並以橫跨牠胸部的那段牽繩抵住牠往前的動作，當牠的體重恢復放在四隻腳的上方，馬上放鬆拉力也很重要。可能需要重新平衡狗狗多次才能協助牠保持平衡狀態。你可與狗狗說話，但不是下達服從指令：你想要的是狗狗發展出自制力，而不是依令行事。有了這一點練習，你就能夠只用單手操控牽繩。

謹記：雙手保持在狗狗背部上方，不要把牠往前拉或往後拖。平衡牽繩和平衡牽繩加強版只是暫時使用的訓練輔具，不

應該用於長時間散步。散步時轉換成合身的胸背帶，搭配超級平衡牽繩，或者換成推薦使用的胸背帶（請見胸背帶章節）。

胸背帶帶領法

超級平衡牽繩

過去幾年間，我們注意到平衡牽繩搭配胸背帶對許多狗狗的效果極好，這個帶領技巧改善平衡及協調，可以單手帶領狗狗，或者必要時可以很快轉換成雙手帶領。使用兩端各有一個扣頭的牽繩效果最佳。

方法

這隻玩具假狗是示範超級平衡牽繩（即照片中的條紋牽繩）很棒的模特犬。把第一個扣頭扣在狗狗肩膀上方的胸背帶圓環上，把較小的扣頭穿入胸背帶胸前中央位置的圈圈或圓環裡，再扣在對側肩膀的圓環上。成功祕訣是，帶領狗狗時人的位置永遠與狗狗脖子位置對齊，如果人走在狗狗的肩膀後方，牠更會傾向暴衝。

安全地帶領

胸背帶

自從我們九○年代初期開始在狗狗身上使用TTouch，胸背帶的種類已大幅增加。以前胸背帶只有一些，而且背部扣環多半趨近狗狗後半部，以致狗狗容易暴衝。然而，今日許多愛狗人士已利用市面上較新型的胸背帶解決暴衝問題，即使家中狗狗通常不會暴衝，有些人也較喜歡使用胸背帶，因為它不會在狗狗的脖子形成壓力。

方法

由於狗狗身心和情緒的平衡相互關聯，我們會希望讓狗狗的身體恢復平衡。市面上有一些胸背帶（尤其只有一個扣環在胸前者）的設計是讓狗狗失去平衡，並且拘限牠的前腿活動，雖然狗狗因而不易暴衝，但是牠同時也感到不舒服，或者可能加劇牠的恐懼。

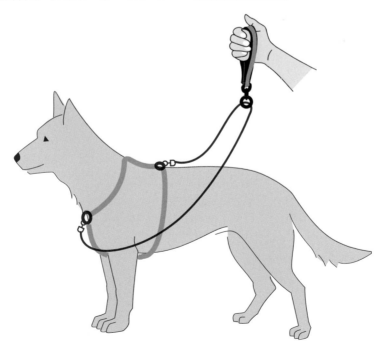

我們推薦兩款胸背帶：TTouch 胸背帶和自由牌胸背帶（Freedom Harness），兩者在胸前及肩上都有一個扣環。若以牽繩扣於肩上扣環的單點扣法溜狗，有些狗狗不會有問題，然而我們發現，以雙頭牽繩同時扣於胸前和肩上的兩點扣法對許多狗狗都很有好處，它可提昇你對狗狗的影響能力，也可以提供牠清楚的訊號。

你可以使用單手抓著牽繩，或者使用可以滑動位置的把手。這種兩點牽法對於有暴衝、無法專注、恐懼或激動反應問題的狗狗尤其有幫助。

許多胸背帶為了改善舒適度而作了改良設計，可惜的是，並沒有任何胸背帶能夠適合每一隻狗。合適的胸背帶應該提供狗狗的肩膀足夠活動空間，不會緊貼狗狗前腿後方的胳肢窩，而且狗狗背上的扣環位置應該比較接近肩膀，而不是腰部。

自由牌胸背帶：兩款胸背帶都可以把牽繩單扣於肩上扣環，或者同時扣於胸前及肩上扣環，抓持著把手，採兩點牽引。

自由牌胸背帶：肩上的伸縮設計有助緩和狗狗暴衝。

TTouch 胸背帶:脖子
部位有一鎖扣,穿脫
胸背帶時不必經過頭
部,對於許多不喜胸
背帶套過頭部的狗狗
很適用。

TTouch 胸背帶

安全感及更佳的身體意識

身體包裹法

身體包裹法提昇狗狗對於自己身體的意識，讓牠對於自己動作和行為更有信心。這對於害怕巨響、緊張過動、乘車恐慌的狗狗特別有幫助，身體包裹法也有助傷犬痊癒，對於年老、僵硬或有關節炎的狗狗也有幫助。有多種綁法，你可多加嘗試，看看哪個綁法最適合狗狗。

方法

你可以使用藥局買來的彈性繃帶（ACE 品牌效果最佳）。確保繃帶服貼在狗狗身上，不會讓長毛狗狗的毛繃起來或翹起來。繃帶太鬆無效，然而太緊則會限制動作。要幫助害怕雷聲等巨響的狗狗，確保繃帶的鬆緊度提供狗狗慰藉，但不致過緊。如果狗狗看來不舒服就取下繃帶。

圖解示範

1. **彈性繃帶**　不同顏色的繃帶對狗狗可能有不同作用：紅色可活絡，藍色可安定，綠色可激發，ACE 彈性繃帶可以染成許多顏色。

2. **安全別針**　這是最安全的別針，多數藥局都買得到。

3. **頭部包裹法**　頭部包裹法是進行頭部

TTouch 之前很好的準備動作。

4-5. **半身包裹法**　主要用於包裹後半身會緊張的狗狗，或者膝部或髖部有問題的狗狗。把繃帶最中間一段橫過狗狗胸口，然後在狗狗背部交叉，再到腹部交叉，把兩端拉至背部，用安全別針固定。若是公狗，可以把近後半身的繃帶往前拉移。

6. **半身包裹法——第二種綁法**　這個半身包裹法的變化綁法從脖子上方開始，左側留三分之一繃帶，右側留三分之二繃帶，往前再往下拉至前腳之間，以較長的一端繞腹部一圈，再用安全別針把兩端固定。

2

4

3

5

6

安全感及信心

T恤

如果狗狗恐懼、怕生、激動反應或過度興奮，讓你的生活困難重重，T恤可能會是這些問題的解答。對於聲響敏感、分離焦慮或乘車焦躁不安的狗狗也有用，針對吠叫不止或暴衝問題可能也有幫助，因為T恤提供一個使狗狗更能感受到自己身體的「架構」。市面上可找到不同款式的T恤，你可在寵物店或網路上尋找。

方法

　　幫狗狗穿上衣服時，在牠側面站著或蹲著，準備好零食。確保你幫牠穿衣服時不會讓牠感到空間擁擠，無路可走。先用玩具狗練習是個好點子，讓你把動作練熟。不要在無人看管時讓狗狗穿著 T 恤，如果使用人的 T 恤，穿上時把它的正面穿在狗狗背上。

圖解示範

1-2 **T 恤**　用兒童 T 恤是最容易的選擇，視狗狗體型而定，你可能需要在腹部用橡皮筋或髮圈把 T 恤下擺綁緊。

3-4 **刷毛 T 恤**　天氣冷時可以刷毛 T 恤取代一般 T 恤，讓狗狗溫暖舒適。

5-6 **安定背心**　安定背心由 98% 棉和 2% 伸縮材料製成，容易合身，服貼著狗狗身體，它的魔鬼沾設計也很容易穿上。從 TTouch 官方網站 www.ttouch.com 可以訂購繡有 TTouch 商標的綠色安定背心。安定背心有不滿意退款的保證。

個案
比利時狼犬「羅伊」

我姐姐羅蘋在她家比利時狼犬羅伊身上使用安定背心很成功。羅伊在家裡重新鋪設地毯後就拒絕上下樓梯，牠害怕地毯的不同觸感及顏色，羅蘋說：「當我們改變樓梯上的地毯，牠上下樓梯時變得極為猶豫，所以我只是讓牠穿上安定背心，在背心上綁個八字形的繃帶與後半身連結起來，做了點耳朵 TTouch，牠就能夠克服擔憂。我遇過一兩次其他情況也會這麼做，例如當我們換了新的辦公室地板，不過牠每次都能夠重拾自信，在這些新的地板上行走。」

雙人帶領練習

家鴿旅程

雙人帶領可改善狗狗的學習能力：牠的大腦兩側都被活化，而且從身體兩側都接收到資訊及安全感。家鴿旅程是同時從動物兩側帶領的技巧，我已用它引導及控制問題馬匹多年，這個方法用在狗狗身上一樣有效。感到緊張的狗狗獲得信心，因為接獲了明確指示，而且無法往前衝。此外，有些狗狗在兩側有人時可感覺受到了保護。這個帶領位置對於過動、無法專注的狗狗特別有效。

方法

　　要同時從兩側帶領狗狗需要有兩條牽繩、一個普通項圈、一個胸背帶以及有時會用到軟棒。把兩條牽繩扣在項圈上，其中一條扣在胸背帶上。兩條牽繩在項圈上的扣點應該相隔一點距離，以免在同一個點給予訊號，讓狗狗感到混淆。兩人行走時應與狗狗的頭部對齊，位置應該在狗狗兩側約距一公尺處，兩個人要協調訊號：起步、停止和轉向的訊號都要清楚給予。

　　為了達到合作無間，最好由一人作為給予訊號的主要帶領者，另一人作增強。以多數狀況來說，由飼主作主帶領者是好主意，唯有狗狗對陌生人感到自在才讓兩個陌生人帶領它。家鴿旅程技巧可以非常安全地控制對其他狗有攻擊性的狗狗，然而我們不推薦把它用於會攻擊人的狗狗，這類狗狗應交予使用正增強的資深訓犬師或專司攻擊性犬隻的 TTouch 療癒師。

圖解示範

1. **繞行障礙**　尚普斯示範繞行障礙練習，挑戰兩人使用精確的肢體語言和精妙的牽繩操控技巧。在狗狗繞行障礙時要一直保持與狗狗肩膀對齊，並且不會擋到牠的路，這並非易事。當狗狗猶豫不前，請狗狗較不熟悉的帶領者讓開多一點空間給牠則會有幫助。三角錐的間距應該約是一隻狗狗的身長，才不會難度過高。

2-3. **跨欄障礙**　麗莎和我正帶領著吉亞可摩穿越跨欄障礙，這隻貴賓犬戴著普通項圈和胸背帶，兩條牽繩都扣在胸背帶上。我是主帶領者，麗莎輔助帶領，在障礙中央停下來可強化牠的信任和自信。

4. **梯狀障礙**　卡倫和蓋比帶領著尚普斯穿越梯狀障礙，牠是卡倫的狗，所以卡倫是主帶領者。狗狗一步步穿越障礙時，身體保持不錯的筆直及平衡。注意：卡倫和蓋比

的位置與狗狗的肩膀對齊，而且牽繩保持放鬆。

⑤ **鐵紗網和不同塑料表面**　我們把很多不同表面材質排成一排，席爾薇亞和我讓吉亞可摩認識這個新的障礙項目，我用單手抓著牽繩，並且在地上使用軟棒，鼓勵狗狗看向即將前往的方向。

進階學習遊戲場

狗狗喜歡在進階學習遊戲場裡活動，你或許曾看過狗狗熱衷敏捷地在飛越跨欄、疾速通過隧道中競賽，玩得很開心。我們的泰林頓系統會用到障礙，並非用於敏捷比賽，而是用於發展狗狗的意識及信心。我們發現它可以發展狗狗的意願，讓牠們願意專注和傾聽，等候我們的訊號，以及克服攻擊或膽怯問題。狗狗學習到如何思考及合作，因為牠必須專注在當下的某項目。

我們為何使用進階學習遊戲場？

當狗狗能夠依著自己的學習進度學習，也在過程中獲得樂趣，牠將變得更聰明，更容易適應不同情境。當狗狗有機會在輕鬆氣氛裡學習新事物，日常生活將變得更容易。

狗狗喜歡穿越各式不同障礙，也喜愛克服小小的挑戰。你可能已見過狗狗熱切地以絕佳技巧迴避障礙，或者專心於穿越迷宮，留意聽從領犬者的指示，並小心不

在稍微架高的窄板上行走能教導狗狗平衡、身體意識和專注力，也給予狗狗處於新環境裡的自信感受，有助狗狗安靜乘車或面對群眾。

踩到障礙棒子上。

樂趣並不是進階學習遊戲場唯一的要點，進階學習遊戲場也提昇狗狗的專注時間、服從度及智力，牠將學習思考與合作，而不是依本能直接反應。你將注意到牠的專注力改善得有多快，而且對於身體意識有何改變，牠的動作將很快變得更加柔軟流暢。

稱讚

讓狗狗知道牠表現成功非常重要，每當牠朝對的方向有一點小小進展就用充滿關愛的聲音稱讚牠，幫牠做點 TTouch 或給予食物，讓狗狗感到開心積極。要經常變換獎勵形式：有時說些好話即可，或者做些 TTouch 就能讓狗狗安定下來，並且讓牠知道你會陪著牠。

使用食物時要小心，如果你不斷餵食，狗狗沒有機會思考與學習，只想著下塊零食即將出現。

食物有助激化副交感神經系統，超越被恐懼或攻擊性（戰或逃）激化的交感神經系統。只要嘴裡一有食物就會激化副交感神經系統，這個系統主事放鬆，是支持學習的必要系統。

迷宮是進階學習遊戲場裡特別重要的項目，作用已被廣泛研究。患有學習障礙的兒童已顯示穿越迷宮可改善他們的協調性及動作。

同樣地，讓狗狗和馬匹穿越迷宮顯示明顯改善其專注力、協調性和合作度，也明顯改善牠們的身心及情緒平衡。

剛開始讓羞怯或害怕的狗狗嘗試獨木橋時，利用一點零食可能會有幫助。

帶領狗狗通過木質或塑料等不同表面材質，是讓準備狗狗面臨可能情境的絕佳方法，也許當你帶狗狗去某處，牠可能必須通過地面上的金屬柵格或在滑溜的實木地板上行走。

地面散置棒子、星狀障礙、跨欄障礙、獨木橋和翹翹板障礙，這些能教導狗狗平衡和協調，精進技巧的過程也很有趣。

障礙項目

● **迷宮**：使用木條或塑膠 PVC 水管會很

喬莉和我正穿越梯狀障礙，我以鼓勵性的肢體語言支持牠。

適合，約二點六公尺至四公尺長，二點五至七公分寬。也可使用較短的木條（約一公尺長），把木條拼起來或用連接頭把木條連接起來，短木條較易收藏。這些迷宮的材料也可用於地面棒狀障礙、星狀障礙和跨欄障礙。

- **獨木橋**：木板約二點六公尺長，三十公分寬，二點五公分厚。若在下頭墊一塊圓柱狀木塊就可以變成翹翹板，搭配輪胎、塑料塊或木塊的話就變成獨木橋。
- **塑膠布和鐵紗網**：用來讓狗狗接觸不同表面，一公尺乘兩公尺的面積大小為合適的尺寸。
- **六個輪胎**：可依狗狗能夠穿越這類障礙的能力，把輪胎集中一點擺放或間隔距離大一點。
- **梯狀障礙**：使用一般的木梯或鋁梯
- **六個三角錐**：三角錐可用於設置讓狗狗通過的障礙迴避項目，也可以考慮把三角錐隨便散置，增加變化度，有助暴衝或無法專注的狗狗聆聽你指示牠該前往哪裡的訊號。

安全祕訣

- 所有障礙項目的設置都要考量到安全，這很重要，須特別留意沒有固定、會移動的部分、銳利的邊緣和木頭小突刺。
- 與對其他狗有攻擊性的狗狗練習時要當心，保持足夠的距離。
- 不易帶領的狗狗以家鴿旅程式（雙人，p.112）帶領，會比較容易控制牠，牠也能學習得更快。

星狀障礙的棒子間距可以各不相同。一般來說，棒子最遠端的間距大約會是狗狗的身長。

棒子架成不同高度，用以吸引狗狗的注意力，並且挑戰牠以新方式使用身體。紅色能把狗狗視線吸引至棒子中央。

教導狗狗在不同表面行走時，不同材質的地墊和網格很好用。

改善學習能力和專注力

迷宮

帶領狗狗穿越迷宮有多方面的用處。木條或棒子架構出來的界線教導狗狗專注在領犬者身上,聽從經由牽繩、聲音和肢體語言傳遞給牠的最微妙訊號。

方法

1 **帶領** 這是香妮第一次戴著頭頸圈*,她需要學會接受臉上的新感受。羅蘋帶著她穿越迷宮,讓牠可以想想其他事。你可看到羅蘋的雙手如何在不同高度抓著牽繩,牽繩保持放鬆,而且羅蘋的身體朝向狗狗。

2 **轉向** 羅蘋把上半身轉向香妮的方向,以便觀察牠。她利用肢體語言以及牽繩提放的方式影響狗狗的速度。羅蘋往香妮前方跨一步,把右手往前伸到牠的前方,以右手指示轉向的方向,並且把自己的身體轉向希望狗轉向的方向。狗狗應該走在迷宮中間,才不會讓牠感覺受到包圍,沒有空間可移動。

圖解示範

迷宮給予狗狗視覺界限，所以在牠被人帶領時才能夠改變自己的習慣和行為模式，而且對狗狗來說學習新事物也很有趣。每次讓狗狗接觸到新的移動模式，牠的學習能力就會提高。

1 泰斯和香妮同時在迷宮裡作帶領練習時，香妮朝著泰斯撲跳。羅蘋利用頭頸圈*讓香妮的頭轉向，並且利用扣在項圈上的牽繩把香妮往她的方向拉過去。

*譯註：舊時做法，現今以胸背帶替代。

2 這次羅蘋讓自己位在兩隻狗之間，香妮緊張地看著泰絲，準備著要撲上去，頭頸圈*搭配雙頭牽繩協助羅蘋控制住香妮。

3 練習幾次之後，我和泰絲留在一處，同時羅蘋朝著我們走過來，注意：我和羅蘋的位置隔在兩隻狗狗之間。

4 只要香妮保持冷靜，羅蘋便讓香妮注視泰絲的方向，在此同時，我用軟棒滑撫香妮，讓牠冷靜及建立接觸。泰絲則利用「安定訊號」幫助香妮，讓牠安定下來。

信任、肢體及情緒平衡

板狀障礙

最能有效影響狗狗肢體和情緒平衡的障礙項目之一就是板狀障礙。把三塊約三十公分寬、三點三公尺長的板子在地上排成V或Y字形，剛開始只採用這種排列方式，直到狗狗在窄板上行走感到自在有信心。

方法

1-4 三塊板　奎威夫對於在板子的光滑表面上行走不太有確定感，一踏上第一塊板子就猶豫了。當板子排列成Y字形，狗狗較易找到入口及了解這個障礙項目的目的。蓋比以雙手握持的平衡牽繩能夠輕易影響她的狗，重要的是以食指和姆指夾持牽繩，影響狗狗的力道才能保持輕柔。

在即將到達障礙之前先停下來，讓狗狗有機會思考，並且找到自己心理和情緒的平衡。

奎威夫在這個障礙項目有一些驚人改變，最後一張照片可看到牠安靜站著的樣子。

Q：
如果狗狗跳下板子，怎麼辦？

一個解決方法是在板子旁邊設置視覺屏障，例如顏色鮮明的棒子。把兩根棒子排列成V字形也可以作為有用的引導方式，或者用兩根棒子排成一條朝著障礙方向的路。

如果你的狗從板子上走下來，冷靜地把牠帶回板子上再作嘗試。確保牠慢慢走，帶著狗每次走一步，站在與牠頭對齊的位置。記得讓狗狗覺得好玩，用聲音稱讚牠或幫牠做點TTouch，如果你的狗怕生、膽怯或恐懼，給牠一點零食，但是不要用零食誘導牠走上板子。

平衡和自信

鐵紗網和塑膠表面

帶領狗狗走在鐵紗網或塑膠表面上是訓練牠跟著人行走在任何特殊或光滑表面的好方法，也是訓練治療犬和搜救犬的重要練習，因為牠們行走任何表面都必須有安全感，沒有任何恐懼。若要製作一個特殊表面，可以使用細紗窗材料，把它釘在框架上。任何不會有小裂片的硬質塑膠都可以用來模擬結冰表面。

方法

如果狗狗穿越障礙時變得緊張，腳掌繃緊，我推薦在牠腿部做盤蟒式 TTouch 及在腳掌肉墊上做浣熊式 TTouch 以幫牠做準備，這麼做你可以獲得牠的注意力，也讓牠和地面建立新的連結。當狗狗緊張，牠的肌肉變緊繃，限制了腿部循環。你也可以使用身體包裹法，提供牠多一點安全感和穩定感。在障礙上放置一些食物可以鼓勵狗狗。當你能夠讓狗狗行走於越多不同的特殊表面，牠遇到任何新情況就越能更信任，更有自信。

圖解示範

1. 我正在傑西身上使用一般牽繩，這是牠第一次走在寬框上的細紗網。傑西慢慢地走，小心地落腳，我用聲音鼓勵牠，在牠成功設法穿越障礙時稱讚牠。

2. 由雙側帶領通過障礙會讓年輕狗狗學得更快。柯爾斯頓以雙手帶領提瑞克斯，牽繩同時扣於項圈和 Halti 頭頸圈*，在此同時我離他們遠一點，只是使用扣在項圈的一般牽繩和軟棒。牽繩處於空檔位置，所以狗狗可以自由探索行走的表面。

3. 可利犬尚普斯正進行家鴿旅程式，兩條牽繩各有兩個接觸點（胸背帶和普通項圈）。理想的話，牽繩不應該扣在同一個扣環上。

4. 安潔莉卡帶領貴賓犬吉亞可摩走過塑膠表面，來到網格，這對牠而言，要求相當高。如果把不同地面材質的間距拉遠一點可以降低這個障礙項目的難度。

---

*譯註：舊時做法，現今以胸背帶替代。

Q：

如果沒進階學習遊戲場可以用，
怎麼辦？

　　我們使用的障礙可以盡可能從簡。
你可以使用家中現有材料來建造。你
真的不需要專業訓練場地來進行這些
特定障礙項目，泰林頓系統的障礙可
以很快在後院或停車場搭建起來。你
可以使用一大塊普通塑膠布模擬滑溜
的表面，用紗窗材料模擬鐵紗網。

　　在樹之間穿梭、上下人行道、或在
山坡上走走停停，全都是散步時可用
來獲得一些如同遊戲場效果的方式。

自我肯定和自信

翹翹板

翹翹板是特別適合改善狗狗平衡和確實踏地的障礙項目。牠將學習到無論遇到任何情況，即使有意想不到的事情發生，牠也可以信任你。起初使用很低的翹翹板（約十公分高），開始時用腳控制翹翹板翹起來的程度。

方法

[1] 在翹翹板前停步，用軟棒輕敲板子，把狗狗的注意力吸引到障礙上。狗狗吉姆利跟隨著喬的軟棒，喬則走在牠的頭側。這個翹翹板的高度很低，給狗狗機會一步一步練習通過這項障礙的技巧，並且學習走到哪個點板子會翹起來。牠需要學習在板子翹起來時保持自信，所以喬幫忙牠，用她的腳控制板子的移動，我的「釋放狗潛能」DVD（www.ttouch.com）有分解步驟。

[2] 吉姆利在翹翹板翹起來時沒有發生問題，但是現在有個誤解。喬利用軟棒在結束這項練習之前阻擋吉姆利想要跳下翹翹板的意圖，這裡會出錯是因為喬站的位置太後面，忘記她應該讓吉姆利跟隨軟棒。

---

*譯註：現今以扣於兩點的胸背帶代替項圈。

Q：
如果狗狗從翹翹板上跳下來，該怎麼辦？

把障礙簡化，用一塊寬板和較小的木塊，在板子上放些食物鼓勵狗狗走慢一點。不要心急，慢慢進行，一步一步走。確保帶領狗狗時，你站在牠頭旁邊的位置。

圖解示範

1. 在板子放在輪胎上成為翹翹板之前，傑西已沿著板子走過了。牠現在正看著助手把一些食物放在板子上，用意是來鼓勵傑西再次走上板子。

2. 我把板子平衡地放在輪胎上，讓它不會翹起來。我利用繩索帶領傑西，在牠胸部繞繩一圈，位置在肩膀後方，有助於控制牠的方向。

3. 我在板子往下沉時讓傑西停步，以項圈和胸部繩索支持牠，牠才能冷靜等候。

4. 我們把翹翹板的高度提高，減輕重量。我把我的重量壓在板子上，讓它慢慢往下沉，讓傑西站在翹翹板中央習慣它的移動。

＊譯註：現今以牽繩扣於胸前和肩上的胸背帶代替項圈和胸部繩索。

獨木橋

獨木橋能建立自信,且對於敏捷度的訓練和其他狗狗競賽項目是絕佳的準備。這個項目除了會讓你和你的狗開心之外,還可以改善狗狗的敏捷度、平衡和自信。低高度的獨木橋對具敏捷潛力的狗狗在進行A字板、翹翹板和挑高獨木橋的練習上是不錯的準備工作。狗狗將學習到輕鬆行走狹窄長板,不會跌下來。你可以使用汽車輪胎、塑膠塊或木塊來抬高平台高度。

方法

　　圖4中,我示範最簡單的獨木橋形式,它能產生驚人結果。藉由增加獨木橋高度而提高難度,狗狗獲得寶貴的經驗,可提昇狗狗對人的信任及自信。如果狗狗容易衝得快,使用平衡牽繩、胸背帶或頭頸圈。你的目標是讓狗狗緩慢在獨木橋上走,提高身體意識。如果牠衝得快,在獨木橋上讓牠停下來。

　　在要求狗狗更多之前,考慮牠的年紀、健康和犬種。注意:患有脊椎疾病、髖關節發育不全或關節炎的狗狗不應該走A字板或挑高的獨木橋。

＊譯註:現今以牽繩扣於胸前和肩上的胸背帶代替項圈、頭頸圈和平衡牽繩。

圖解示範

①-② 使用平衡牽繩和頭頸圈帶領　蓋比在圖1以雙手使用平衡牽繩帶領她的狗,圖2以頭頸圈帶領。圖1可看到奎威夫仍設法找到自己的平衡,蓋比以大姆指和食指抓著牽繩,才能給予極輕的精確訊號。而第二次嘗試時使用頭頸圈＊(圖2),蓋比不再需要支持狗狗,奎威夫已能平衡自信地在板上行走。

③ 以胸背帶帶領　德克的狗穿著胸背帶,他帶這隻壯碩的拉布拉多犬走獨木橋,德克雙手持繩,牽繩是放鬆的,狗狗專心行走,而且走得很平衡。

④ 單手帶領　我示範如何以單手帶領穿著胸背帶的狗狗,一旦狗狗獲得信心,牠將能夠獨力通過這個障礙,不需要人的協助。

敏捷度和注意力

棒狀、跨欄障礙和星狀障礙

棒狀、跨欄障礙和星狀障礙練習可改善狗狗的注意力、專注力和敏捷度。牠能學習意識到自己的動作。棒狀障礙對於改善展賽犬的步伐和體態，以及準備讓狗狗去上敏捷課程前都是很好的訓練。

圖解示範

1 - 2 **棒狀障礙** 我帶領著葛瑞跨越高度不等的棒子，三角錐裡的洞讓我們可以調整棒端高度，棒子上的紅漆指示中間區域。我也一同跨越棒子，向狗狗示範如何做。一旦牠熟悉穿越這個障礙，我就會走在障礙旁。

3 **跨欄障礙** 喬帶領金姆利穿越六道跨欄，金姆利從棒子中央小跑步穿越，同時喬從旁用軟棒指引方向。這項練習的目的是改善狗狗的步伐和動作輕盈度。

4 **星狀障礙** 金姆利跟隨著喬的軟棒穿越由六根棒子組成的星狀障礙，金姆利行走的內側難度比外側高，因為棒子內側較高，間距也較小。對於用來改變整體協調度是很棒的練習。

1

Q：

如果狗狗參與練習但不開心，怎麼辦？

確保狗狗每次成功你就稱讚牠，如果你自己很開心，你的狗大概也有相同感受，此外，考慮邀請朋友和他們的狗狗參加，大家可以一起練習。讓訓練成為一種社交活動，可能對你和狗狗都有激勵作用。

安全和自制

梯狀障礙和輪胎

梯狀障礙和輪胎的練習對有些狗狗而言是個挑戰,這些物件不同的材質和形狀提供新的經驗,每個經驗對狗的影響都無法預料。設置梯狀障礙時,把一個簡單的梯子放在地上,設置輪胎練習時則使用四至八個輪胎,以不同方式排列,重點是創造挑戰,發展出狗狗面對不尋常新情境的信心。

方法

穿越梯狀障礙時,狗狗必須非常留意自己的行為,並且依梯階間距調整步伐大小。如果狗狗害怕,不願踏入梯階間,帶著牠從梯子的側面穿越、走 Z 字路線穿越梯子數次、讓牠跟隨另一隻狗或者在梯階間放些零食。如果你想協助狗狗沿著梯子跨越所有梯階,而狗狗缺乏安全感,你可以把梯子一側抵著牆擺放,這樣你只需要從一側控制狗狗,牠也無法跨出梯子之外。

穿越輪胎障礙時,狗狗一開始可以從輪胎外緣走過,要提高難度可以要求牠跨入輪胎中央,如果在中央丟些零食可以鼓勵一些狗狗這麼做。

圖解示範

1 **以軟棒帶領** 我以一條簡單扣在泰斯項圈上的牽繩和軟棒帶領牠穿越梯狀障礙。穿

越障礙時泰斯非常留意,並且把頭放低。

2-3 **以胸背帶帶領** 安潔莉卡以雙手帶領艾迪穿越梯子。牠感到擔心,她便在梯階間丟些零食,這麼做激勵了狗狗,熱切搜尋下一塊零食,把頭放低,注視著障礙。來到梯子末端時,安潔莉卡讓牠停下來,以聲音稱讚牠。

4 **輪胎** 兩歲的標準貴賓犬葛雷迪第一次被帶領著穿越障礙。以軟棒輕撫牠的前腿有助讓牠安定,能夠專注在眼前的任務上。為了讓牠恢復平衡並阻止牠往前衝,羅蘋使用平衡牽繩。葛雷迪對於踩在輪胎走或碰觸到輪胎感到緊張,所以輪胎擺放成兩排,中間有間距,降低了這項障礙的難度。目的是讓狗狗能夠成功,所以開始時難度不高,再慢慢出現難度較高的挑戰。一開始你可以讓狗狗在輪胎之間繞行,練習重點在於讓狗狗沿著輪胎邊行走,然後進展到自己踏入輪胎中央。

柔軟度更佳

角錐繞行障礙

角錐繞行障礙著重於專注力及柔軟度，這是另一個你可能在一般狗狗敏捷訓練裡見識過的障礙項目，人犬都可獲得很多樂趣。剛開始牽著繩以緩速練習，一旦狗狗了解到應該做什麼，你可以加速，最後甚至不用牽繩。你需要把五六個角錐排成一直線，剛開始練習時，角錐間距應該至少要等於狗的身長。

方法

1-2 **無繩繞行角錐** 泰斯在無繩之下繞行角錐，我以手勢和肢體語言指引牠，牠很合作，注視我的右手同時緊貼著角錐繞行，有時進行這個練習時使用零食激勵狗

狗可能會有幫助。

如果你只作短暫練習，你將發現狗狗在練習中間的休息時間裡，會消化練習所學習到的東西，下次練習時，牠的技巧更佳。

圖解示範

1. 為了提昇信心，香妮使用身體包裹法。羅蘋走在牠前方，示範往哪兒走，並且以雙手握持牽繩，指引香妮繞行角錐。她的左手在前，顯示她想要香妮轉身的方向，她的右手位於較後方，協助調整行走速度。

2. 羅蘋以牽繩訊號清楚強調轉向，香妮必須學習儘可能緊貼著角錐行走才能流暢迅速地繞行。

3. 角錐繞行障礙著重於注意力。練習從正反方向繞行角錐，也練習能夠從左側或右側帶領狗狗，人犬的柔軟度都會因此變得更佳。

Q：

如果狗狗略過了一個角錐沒繞，怎麼辦？

增加角錐間距，因為牠可能覺得繞行小圈很困難。若是如此，看看牠是否有生理問題導致不易轉身；若無問題，可能表示牠柔軟度不佳或缺乏專注力。跟隨另一組人犬後頭繞行角錐，並且做些 TTouch 改善肢體可動範圍及平衡也可能有幫助。

清單

許多人們不喜見的典型行為可利用 TTouch 系統改變，本清單讓你很容易找到方法改變愛犬的健康或行為。當然，TTouch 永遠不能取代獸醫診療，但是它可在前往獸醫院途中使用，也可預防一些疾病，並且支援任何進行中的療法。

狗狗

害怕陌生人或獸醫	耳朵TTouch，臥豹式TTouch
害怕巨響	尾巴TTouch，嘴部TTouch，身體包裹法，耳朵TTouch
因恐懼或興奮而尿尿	耳朵TTouch，虎式TTouch
吠叫不止	耳朵TTouch，臥豹式TTouch，嘴部TTouch，身體包裹法
過動	盤蟒式TTouch，雲豹式TTouch，Z字形TTouch，身體包裹法 耳朵TTouch
上場時焦慮	耳朵TTouch，嘴部TTouch，盤蟒式TTouch，牛舌舔舔式TTouch
恐懼和缺乏安全感	耳朵TTouch，嘴部TTouch，腿部繞圈，尾巴TTouch，身體包裹法 雲豹式TTouch
怕生羞怯	臥豹式TTouch，尾巴TTouch，身體包裹法
愛啃咬	嘴部TTouch
對狗的攻擊行為	雲豹式TTouch，身體包裹法，與其他狗同時進行帶領訓練，胸背帶
對貓的攻擊行為	在有貓的情境之下進行TTouch，身體包裹法，胸背帶
暴衝扯繩	平衡牽繩，障礙練習，雲豹式TTouch，胸背帶
上繩時不願走	身體包裹法，耳朵TTouch，蟒提式TTouch，腿部繞圈，胸背帶
暈車	耳朵TTouch
車內躁動難安	耳朵TTouch，身體包裹法
梳毛問題	蜘蛛拖犁式TTouch，毛髮滑撫，以羊皮進行TTouch，盤蟒式TTouch
洗澡問題	耳朵TTouch，盤蟒式TTouch，毛髮滑撫，洗澡前及洗澡期間進行腿部繞圈
剪趾甲問題	在腿部進行蟒提式TTouch，在腳掌和趾甲上進行浣熊式TTouch，腿部繞圈 腳掌TTouch

急性傷害之後	前往獸醫院途中：耳朵TTouch，除傷處以外在全身輕柔進行浣熊式TTouch
疤痕	浣熊式TTouch，臥豹式TTouch
手術前	耳朵TTouch，臥豹式TTouch
發燒	前往獸醫院途中：耳朵TTouch
事故後休克	前往獸醫院途中：耳朵TTouch，然後做臥豹式TTouch
關節炎	蟒提式TTouch，浣熊式TTouch，耳朵TTouch，身體包裹法
髖部問題	每天進行浣熊式TTouch，蟒提式TTouch，尾巴TTouch
長牙	以冷毛巾在嘴部TTouch
消化疾病	耳朵TTouch，腹部托提，在腹部進行臥豹式TTouch
胃痛	前往獸醫院途中：耳朵TTouch，腹部托提
耳朵敏感	駱馬式TTouch，以羊皮進行臥豹式TTouch，支持頭部的同時把耳朵輕輕貼近身體再作劃圈。
肌肉酸痛	蟒提式TTouch，盤蟒式TTouch
站起來或爬樓梯有問題	身體包裹法，腹部托提，蟒提式TTouch，蜘蛛拖犁式TTouch，尾巴TTouch 耳朵TTouch，牛舌舔舔式TTouch
過敏	熊式TTouch，耳朵TTouch，雲豹式TTouch
發癢	虎式TTouch，使用小毛巾進行熊式TTouch

母狗

懷孕	腹部托提，在腹部進行臥豹式TTouch和盤蟒式TTouch，浣熊式TTouch 耳朵TTouch
生產時提供支援	耳朵TTouch，臥豹式TTouch，蟒提式TTouch，盤蟒式TTouch
拒絕照料幼犬	耳朵TTouch，在乳頭上以溫毛巾進行臥豹式TTouch，嘴部TTouch
受孕問題	耳朵TTouch，尾巴TTouch，在臀部進行盤蟒式TTouch，雲豹式TTouch

公狗

對公狗的攻擊行為	迷宮，軟棒，其他狗在場時作帶領練習，家鴿旅程，結紮

幼犬

長牙	嘴部TTouch
拒絕吸奶	嘴部TTouch，耳朵TTouch，在舌頭上輕輕TTouch，全身進行浣熊式TTouch
社交問題	嘴部TTouch，耳朵TTouch，雲豹式TTouch，尾巴TTouch，腳掌TTouch
剪趾甲	在腿部進行蟒提式TTouch，在腳掌和趾甲進行浣熊式TTouch

泰林頓 TTouch 詞彙表

● **鮑魚式 TTouch**
劃圈式 TTouch，使用攤平的手掌，以整個掌心移動皮膚劃圈。這個手法適用於生性敏感的狗狗。你也可用它協助緊張的動物安定放鬆。

● **臥豹式 TTouch**
TTouch 劃圈基本手法。接觸區域是手指，可能包括所有指節或只有部分指節。雖然在身體上劃圈時，手掌只輕觸到身體，但的確也會移動皮膚。

● **雲豹式 TTouch**
TTouch 劃圈基本手法。以指尖和微彎手掌推動皮膚，移動一又四分之一圈。此手法已證實對於緊張和焦慮的狗狗尤其有效。

● **浣熊式 TTouch**
非常輕的 TTouch 手法，用於敏感部位。以最輕的力道用指尖劃小圈。

● **熊式 TTouch**
浣熊式 TTouch 和熊式 TTouch 極相近，差異在於熊式 TTouch 用到指甲，非常適用於發癢的狗狗或肌肉厚實的狗狗。

● **虎式 TTouch**
劃圈式 TTouch，使用指尖的指甲進行，手指與皮膚成九十度角，保持彎曲張開，讓手看來像虎掌。

● **三頭馬車式 TTouch**
以最輕的第一級力道用指甲進行虎式 TTouch 是與狗狗連結的不錯方式。

● **駱馬式 TTouch**
劃圈式 TTouch，使用手背。敏感恐懼的狗狗較不會把手背的碰觸視爲威脅，對於這類狗狗是和駱馬式。

● **黑猩猩式 TTouch**
劃圈式 TTouch，朝著掌心彎曲手指，用第一跟第二指節的背面做 TTouch。

● **蟒提式 TTouch**
把手放在狗狗身上攤平，輕柔緩慢地把皮膚和肌肉往上移，動作配合呼吸，暫停個幾秒鐘。

● **盤蟒式 TTouch**
這個手法結合劃圈式 TTouch 和蟒提式 TTouch。

● 蜘蛛拖犁式 TTouch

輕柔使用大姆指和其他手指推擠皮膚，依多條直線進行，可順毛或逆毛進行。

● 毛髮滑撫

用大姆指和食指抓一撮毛髮，或把手攤平，以指間穿過毛髮，輕輕從髮根滑至髮梢。

● 牛舌舔舔式 TTouch

從肩膀開始做，把彎曲的手指稍微分開，滑撫至背部上端，然後從腹部中線滑到背部。

● 諾亞長行式 TTouch

遍及全身的長撫式 TTouch，用於起始或結束 TTouch 療癒時間。手輕輕放在狗狗身上，從頭部到背部到後半身，平順地滑撫。

● Z 字形 TTouch

把手指分開，沿著不斷以五度改變方向的 Z 字形曲線移動並且穿過毛髮。

● 毛蟲式 TTouch

雙手放在狗狗背部，相距約五至十公分，輕輕推動雙手（雙手推近），暫停一下再讓皮膚回到原位。

● 腹部托提

腹部托提協助狗狗放鬆腹部肌肉，進而有助紓緩腹絞痛及深層呼吸。

● 嘴部 TTouch

在嘴巴上及周圍，嘴唇及牙齦上進行 TTouch。嘴部 TTouch 活化主控情緒的邊緣系統。

● 耳朵 TTouch

在耳朵上做滑撫式或劃圈式 TTouch，刺激耳朵的穴道對全身有正面的影響，可防止休克。

● 腿部 TTouch

小心緩慢地從前腿肘部往前伸展前腿，再回到原位。後腿也可進行相同動作。這個手法可以放鬆，提昇身體意識，也可改善協調。

● 腳掌 TTouch

在腳掌上進行小小的劃圈式 TTouch。它促進「接地踏實感」，也有助克服恐懼。

● 尾巴 TTouch

在尾巴上進行不同動作，劃圈或拉緊伸展。這個 TTouch 手法有助放鬆敏感的動物，並釋放身體的緊繃壓力。

致謝

許多人對於本書的出版準備以及由德文轉英文的翻譯工作都有貢獻，我極其感謝。首先感謝我的美國出版商 Caroline Robbins，她對我提供極大支持，花了無數小時編輯文稿，也陪著我完成本書部分章節。卡蘿蘭，謝謝妳的耐心和奉獻。

感謝 Christine Schwartz 致力將本書翻譯成英文，也感謝 Kirsten Henry 補充不足之處（在卡蘿蘭找不到人在歐洲的我時）！我也要特別感謝 Debby Potts 在德國教學課後還挑燈夜戰協助編輯，常工作至清晨。感謝 Rebecca Didier 對本書作的最後修訂。

我衷心感謝 Gudrun Braun，他首先提出了出版本書初版的願景，也負責此次德文再版的版面、照片拍攝及統籌。

感謝 Karin Freiling，陪同我完成有關壓力的章節，也感謝 Kathy Casade 協助有關安定訊號的章節。也感謝 Gabi Maue、Bibi Degn 和 Karin Freiling 協助布朗進行編輯。

感謝我的姐姐 Robyn Hood 多年來支持泰林頓 TTouch 的發展、在全球各地教授 TTouch，並且自一九八四年起就編輯泰林頓 TTouch 國際新訊。

我的心願是在這本再版書中納入資深 TTouch 講師及療癒師的名言。感謝 Edie Jane Eaton 和 Debby Potts 把 TTouch 帶至紐西蘭及日本，也感謝 Kathy Cascade、Bibi Degn、Karin Freiling 和 Katja Krauss 的高超教學技巧，豐富了每隻貓狗及其他小動物（及飼主）的生命。我要深深感謝 Daniela Zurr 和 Martina Simmerer 提報了她們在獸醫執業時的 TTouch 經驗。

與 Gabi Metz 及她的合夥 Marc Heppner 拍攝新照片也是很棒的經驗，感謝兩位。

我要謝謝 Karin Freiling、Gabi Metz 和 Lisa Leicht 協助照片拍攝，也謝謝 Hella Koss 的統籌。另外也要

大大地感謝提供狗狗參加拍攝的飼主。

Cornelia Roller 的插畫圖解畫得很棒。

我也想感謝我的德國出版商 Almuth Sieben，超過二十年來一直支持我的志業。

感謝 Kirsten Henry、Carol Lang、Judy Spoonhoward 和 Holly Sanchez 讓我們的新墨西哥辦公室能順利運作。

我也感謝世界各地 TTouch 療癒師課程的主辦人，包括英國 TTouch 講師 Sarah Fisher 和 Tina Constance、南非的 Eugenic Chopin、瑞士的 Lisa Leicht 和 Teresa Cotarelli-Gunter、義大利的 Valeria Boissier、荷蘭的 Sylvia Haveman 和 Monique Staring、奧地利的 Martin Lasser 和 Doris Prisinger 及日本的 Debby Potts 及 Lauren McCall。

感謝我的先生 Roland Kleger，無論我寫作熬夜到多晚都願意陪伴我，並且花了無數小時的絕佳編輯功夫，如同我們在世界各地教授 TTouch 的所有人一樣，Roland 致力於「改變世界，一次一個 TTouch ！」。

TTouch 相關資源

TTouch 工作坊

　　台灣 TTouch 工作坊定期舉行，內容涵蓋 TTouch 基本原則及技巧，通常你可學習到：

- TTouch 主要手法及應用。
- 加深你和貓咪或狗狗的關係。
- 提昇你家動物寶貝的配合意願及學習能力。
- 釋放壓力症狀，例如缺乏食慾或不友善。
- 有助於減低貓咪的攻擊性及膽怯。
- 減緩及緩解老化的影響。
- 配合獸醫治療，加速術後或傷口康復。
- 有助於解決動物常見的問題，例如旅行時緊張不適、攻擊其他貓咪、沒規矩、看獸醫的問題及很多其他問題。

如何成為 TTouch 伴侶動物療癒師

　　針對貓狗及其他伴侶動物提供的 TTouch 療癒師認證課程，適合想要以全職或兼職方式和動物一起工作的人，也適合只是想要讓自家動物分享 TTouch 好處的人。世界各地有數百位 TTouch 療癒師，有些人全職提供一對一的 TTouch 服務，許多人在全職工作之外兼職提供 TTouch 服務，有些人則把學習到的 TTouch 融入自己在收容所、服從訓犬學校、獸醫診所和動物園的工作。參加這個課程的回饋包括以備受啓發的方式和動物建立關係，許多人也對自己和人類這個物種有了新的觀點和認識。

　　TTouch 療癒師認證課程約需要兩年完成，並且要求投入相當多的時間和心力。課程定期舉行，含有六次培訓課（每年三次），每次爲期六天。

兩年的認證課程中，你將：

- 體驗如何與貓狗鳥及其他種類的獨特動物共事，牠們使我們獲益良多，並可能改變我們人生。
- 學會處理常見行為及健康問題的簡易技巧。
- 學習減輕貓咪參加貓展的壓力。
- 幫收容所動物進行 TTouch，協助牠們更易適應新環境。

- 學習協助術後或受傷的動物更快康復。
- 了解 TTouch 如何激發人們對所有生命的理解及同理心。

　　欲知更多台灣 TTouch 工作坊及療癒師課程資訊，請至官方網站：www.TTouch.com.tw。

眾生系列　JP0111X

TTouch® 神奇的毛小孩身心療癒術 —— 狗狗篇
獨特的撫摸、畫圈、托提，幫動物寶貝建立信任、減壓，主人也一起療癒

Getting in TTouch with Your Dog: A Gentle Approach to Influencing Behavior, Health, and Performance

作　　　者／琳達‧泰林頓瓊斯（Linda Tellington-Jones）
譯　　　者／黃薇菁（Vicki Huang）
責 任 編 輯／劉昱伶
封 面 設 計／周家瑤
內 文 排 版／歐陽碧智
印　　　刷／韋懋實業有限公司
業　　　務／顏宏紋

發　行　人／何飛鵬
事業群總經理／謝至平
總　編　輯／張嘉芳
出　　　版／橡樹林文化
　　　　　　城邦文化事業股份有限公司
　　　　　　115 台北市南港區昆陽街 16 號 4 樓
　　　　　　電話：(02)2500-0888　傳眞：(02)2500-1951
發　　　行／英屬蓋曼群島商家庭傳媒股份有限公司城邦分公司
　　　　　　115 台北市南港區昆陽街 16 號 8 樓
　　　　　　客服服務專線：(02)25007718；25001991
　　　　　　24 小時傳眞專線：(02)25001990；25001991
　　　　　　服務時間：週一至週五上午 09:30 ～ 12:00；下午 13:30 ～ 17:00
　　　　　　劃撥帳號：19863813　戶名：書虫股份有限公司
　　　　　　讀者服務信箱：service@readingclub.com.tw
香港發行所／城邦（香港）出版集團有限公司
　　　　　　香港九龍土瓜灣土瓜灣道 86 號順聯工業大廈 6 樓 A 室
　　　　　　電話：(852)25086231　傳眞：(852)25789337
　　　　　　Email: hkcite@biznetvigator.com
馬新發行所／城邦（馬新）出版集團【Cité (M) Sdn.Bhd. (458372 U)】
　　　　　　41, Jalan Radin Anum, Bandar Baru Sri Petaling,
　　　　　　57000 Kuala Lumpur, Malaysia.
　　　　　　電話：(603) 90563833　傳眞：(603) 90576622
　　　　　　Email：services@cite.my

初版一刷／ 2016 年 5 月
二版二刷／ 2024 年 7 月
ISBN ／ 978-986-5613-16-7
定價／ 320 元

城邦讀書花園
w w w . c i t e . c o m . t w

國家圖書館出版品預行編目（CIP）資料

TTouch 神奇的毛小孩身心療癒術——狗狗篇：獨特的撫
摸、畫圈、托提，幫動物寶貝建立信任、減壓，主人也一起
療癒 / 琳達‧泰林頓瓊斯（Linda Tellington-Jones）著；黃薇
菁譯 . -- 初版 . -- 臺北市：橡樹林文化，城邦文化出版：家
庭傳媒城邦分公司發行，2018.11
　　面；　　公分 . --（眾生：JP0111X）
譯自：Getting in TTouch with Your Dog: A Gentle Approach to
　　　Influencing Behavior, Health, and Performance
ISBN 978-986-5613-16-7（平裝）

1. 犬　2. 寵物飼養　3. 按摩

437.354   105006597